军事科学院军队政治工作研究院自主科研项目

| 光明社科文库 |

新时代劳动观教育研究

胡　杨◎著

光明日报出版社

图书在版编目（CIP）数据

新时代劳动观教育研究 / 胡杨著 . -- 北京：光明
日报出版社，2023. 8
ISBN 978 - 7 - 5194 - 7436 - 2

Ⅰ. ①新… Ⅱ. ①胡… Ⅲ. ①中国特色社会主义—劳
动观点—研究 Ⅳ. ①B822. 9

中国国家版本馆 CIP 数据核字（2023）第 171834 号

新时代劳动观教育研究

XINSHIDAI LAODONGGUAN JIAOYU YANJIU

著　　者：胡　杨

责任编辑：王　娟　　　　　　　　责任校对：郭思齐　董小花
封面设计：中联华文　　　　　　　责任印制：曹　诤

出版发行：光明日报出版社
地　　址：北京市西城区永安路 106 号，100050
电　　话：010-63169890（咨询），010-63131930（邮购）
传　　真：010-63131930
网　　址：http: // book. gmw. cn
E - mail：gmrbcbs@ gmw. cn
法律顾问：北京市兰台律师事务所龚柳方律师

印　　刷：三河市华东印刷有限公司
装　　订：三河市华东印刷有限公司
本书如有破损、缺页、装订错误，请与本社联系调换，电话：010-63131930

开　　本：170mm×240mm
字　　数：150 千字　　　　　　　印　　张：13
版　　次：2024 年 1 月第 1 版　　　印　　次：2024 年 1 月第 1 次印刷
书　　号：ISBN 978 - 7 - 5194 - 7436 - 2
定　　价：85.00 元

前　言

　　劳动是探索人的本质力量的重要命题，是马克思主义历史唯物主义的逻辑起点，人的生存与发展都同劳动紧密联系。社会主义劳动体现我国劳动的社会主义性质和劳动人民当家作主的地位，作为一种传统深刻地影响着人们的价值观，劳动教育从根本上是培养劳动价值观，重塑劳动逻辑下人的价值观教育。进入中国特色社会主义新时代以来，习近平总书记始终强调劳动的重要性，多次做出"以劳动托起中国梦""美好生活靠劳动创造""劳动成为幸福的源泉"等一系列关于劳动的重要论述，特别在2017年党的十九大报告中强调"营造劳动光荣的社会风尚"，在2018年全国教育大会上指出"努力构建德智体美劳全面培养的教育体系"，在2022年党的二十大报告中强调"在全社会弘扬劳动精神、奋斗精神、奉献精神、创造精神、勤俭节约精神"。然而，当前劳动领域存在不可忽视的矛盾问题，新时代劳动领域的新变化、新问题层出不穷，尊重劳动和劳动者的社会风气远未形成，崇尚劳动光荣、劳动者伟大的价值观还没有成为全社会的普遍价值共识。社会上仍然存在不愿劳动、轻视劳动、少劳多获甚至不劳而获的现象，特别是西方国家以所谓的"普世价值"推销拜金主义、功利主义和享乐主义，致使投机取巧、好逸恶劳、多劳多获、不劳而获的思想观念甚嚣尘上，崇尚资本光荣、金钱光荣、利己光荣、剥削光荣的社会舆论此起彼伏，轻视劳动、误用劳动、有教无劳、过度劳动等社会现象层出不穷，劳动价值异化成为摆在我们面前亟须反思的问题。基于以上，以马克思主义理论体系中的劳动逻辑为主线，对新时代劳动观教育进行系统化研究正当其时，既是贯彻落实习近平总书记重要指示的实际举措，也是重塑马克思主义劳动逻辑下人的价值观教育的迫切需要。立足新时代语境形塑人的劳动价值观，不仅是对人的劳动价值观的现实观照，也是对思想政治教育实践育人的功能考察，更是对马克思主义劳动理论和马克思主义中国化最新劳动思想成果的科学印证，具有重要的理论意义和实践应用价值。

鉴于此，研究新时代劳动观教育要遵循一定的逻辑理路，即何为劳动、何以重塑劳动价值观。绪论主要阐述新时代劳动观教育的选题依据及其意义，通过分析评述当前国内外相关研究，明确本研究的基本思路与方法，进而对创新之处做必要说明；第一章是新时代劳动观的基本概念，从劳动、劳动观的释义出发，界定新时代劳动观的概念，并对劳动光荣、劳动育人、社会主义劳动者等相关概念加以阐释；第二章是新时代劳动观的理论基础，在劳动与唯物史观构建、劳动者与社会主义建设、劳动光荣与劳动者伟大的视域下，从经典马克思主义劳动思想中汲取真理力量，从我国传统劳动思想和马克思主义劳动思想中国化中赓续精神血脉；第三章是新时代劳动观教育的价值旨趣，从"劳动托起中国梦""美好生活靠劳动创造""德智体美劳全面培养""劳模精神、劳动精神、工匠精神""劳动最光荣"的新时代话语中，把握肩负中华民族伟大复兴使命、解决新时代社会主要矛盾、推进现代化教育体系构建、形塑人的劳动精神、增强人的劳动价值判断力的价值旨趣；第四章是新时代劳动观教育的内容构建，在明确认知、认同、实践的三个主要目标以及引领、育人、共情的三大基本功能的基础上，重点把握新时代劳动观教育的内容旨要，具体为创新劳动教育、劳动幸福教育、职业分工教育以及劳动精神教育；第五章是新时代劳动观教育的实践探索，参照全员—全过程—全方位的教育模式，在方法取鉴上重视灌输式、启发式、体验式和服务式劳动观教育，在路径选择上丰富劳动观教育的受众群众、优化劳动观教育的实施主体、完善劳动观的教育课程设置、拓展劳动观的实践教育基地、深化劳动观的教育活动方案。

本书坚持以习近平新时代中国特色社会主义思想为指导，全面贯彻习近平总书记关于劳动的重要论述，准确把握新时代劳动观的思想意涵与实践要义，重塑马克思主义劳动逻辑下人的价值观教育。一方面，深度理解劳动观教育的理论基础，明确以马克思主义的劳动思想为指导，以马克思主义中国化进程中的劳动思想，特别是习近平总书记关于劳动的重要论述为基础，将新时代的劳动价值观和主流意识形态贯穿劳动观教育的始终，明确劳动价值观教育在劳动教育中的核心地位。另一方面，紧紧围绕劳动观教育展开研究，通过劳动这一具体实践活动达成育人目的，将实然与应然、理论与实践的问题在劳动观教育中统一起来，激活劳动观教育的现实功用，融入劳动观教育的具体实践。总而言之，从根本上重塑马克思主义劳动逻辑下人的价值观教育，使劳动光荣、劳动者伟大真正地成为劳动观教育的总体致思和核心要义。

目 录
CONTENTS

绪　　论

　　劳动是探索人的本质力量的重要命题，是马克思主义历史唯物主义的逻辑起点，人的生存与发展都同劳动紧密联系。社会主义劳动体现我国劳动的社会主义性质和劳动人民当家作主的地位，作为一种传统深刻地影响着人们的劳动观念。对新时代劳动观教育进行系统化研究，使劳动光荣、劳动者伟大成为全社会的普遍价值共识和价值追求，既是贯彻落实习近平总书记关于劳动重要指示的实际举措，也是重塑马克思主义劳动逻辑下人的价值观教育的迫切需要。

一、选题依据及研究意义

（一）选题依据

　　第一，进入中国特色社会主义新时代以来，习近平总书记始终强调劳动的重要性，多次做出"以劳动托起中国梦""美好生活靠劳动创造""劳动成为幸福的源泉"等一系列关于劳动的重要论述，特别在 2017 年党的十九大报告中强调"营造劳动光荣的社会风尚"，在2018 年全国教育大会上指出"努力构建德智体美劳全面培养的教育体系"，在 2022 年党的二十大报告中强调"在全社会弘扬劳动精神、奋斗精神、奉献精神、创造精神、勤俭节约精神"。何为劳动、何以重塑劳动价值观成为摆在我们面前值得探索的课题。当前我国社会主要矛盾已经转化为人民日益增长的美好生活需要和不平衡不充分的发展之间的矛盾，这一关系全局的重大战略判断对新时代党和国家工作提出了许多新要求。美好生活需要已经不仅仅表现为满足基本生活的物质文化这些刚性需要，还表现为在此基础上衍生出的自我实现、精神满足、内心幸福等柔性需要，需要重塑符合时代发展需求、社会发展需要的劳动理念。比如，如何看待人工智能劳动与人的劳动的关系，如何理解劳动与人民日益增长的美好生活需要的关系，如何认识劳动与中华民族伟大复兴中国梦的关系，如何把握劳动精神、创新精神、工匠精神，以及如何重新认识劳动光荣的价值观等一系列的问题。在新时代背景下，科学认识我国社会主要矛盾特点、中华民族伟大复兴使命、社会主义主流价值观等重要问题，需要劳动这样一个抓手，以此思考和重塑劳动观教育的时代意义，推动新时代中国特色社会主义事业的新发展。

第二，新时代劳动领域的新变化、新问题层出不穷，尊重劳动和劳动者的社会风气远未形成，崇尚劳动光荣、劳动者伟大的价值观还没有成为全社会的普遍价值共识。社会上仍然存在不愿劳动、轻视劳动、少劳多获甚至不劳而获的现象，使得人们的劳动价值观受到严峻挑战，甚至出现某种程度上的弱化，影响着劳动的积极性、主动性和自觉性。特别是西方国家以所谓的"普世价值"推销拜金主义、功利主义、个人主义和享乐主义，致使投机取巧、好逸恶劳、多劳多获、不劳而获的思想观念甚嚣尘上，崇尚资本光荣、金钱光荣、利己光荣、剥削光荣的社会舆论此起彼伏，轻视劳动、误用劳动、有教无劳、过度劳动等社会现象层出不穷，有钱光荣的观念湮灭着劳动光荣的观念，以金钱收入多少来评价劳动的高低贵贱，越来越多的"精致的利己主义者"使整个社会弥漫着功利化的气息和庸俗化的现象，动摇了一部分人的劳动价值观。这种价值异化和价值困境，仍然是摆在我们面前亟须反思的问题。

第三，当前思想政治教育中的劳动观教育不到位，不论是广义上的思想政治教育，还是狭义上的思想政治教育，实践育人功能都没有得到充分发挥。特别是学校的思想政治教育，存在着有教无劳、教劳脱节的困境，使劳动观教育处于边缘化境地。当前人们对劳动观的认识还存在着误解与迷惑的现象，并没有真正理解劳动的思想意涵与实践要义。在这种背景下，劳动的教育价值得不到真正体现，人们的劳动素养得不到全面培育。劳动观教育发展到今天为何会出现这样的困境，劳动观教育该以哪种姿态立足于思想政治教育的视野下？针对这一系列问题，我们有必要从整体上思考劳动观的塑造和培养是否需要加强，又该如何创新。

（二）研究意义

第一，历史唯物主义观点表明，劳动作为人的实践活动，体现人的本质特征，是人类社会生存和发展的根本前提，是创造财富和获得幸福的重要源泉。社会主义劳动体现了我国劳动的社会主义性质和劳动人民当家作主的地位，作为一种传统深刻地影响着人们的劳动价值观念。进入中国特色社会主义新时代，以习近平同志为核心的党中央对劳动地位和作用有着深刻认识，重新认识和塑造劳动观念具有重要的理论意义。人的本质、人类的生存和发展与劳动紧密联系起来，劳动为人类提供了富有尊严的生活，推动了人类社会的文明进步，应当成为人类社会倍加推崇的光荣之举。把握和审视新时代劳动观教育这一科学问题，重申和重塑科学劳动价值观的重要地位，本质上是解决劳动观教育的实然与应然、理论与实践的统一性。新时代劳动观教育就是重申劳动是人类社会倍加推崇的光荣之举，推动全社会形成崇尚劳动、热爱劳动的风尚，充分体现劳动光荣、劳动者伟大的价值观是历史唯物主义思想的应有之义。因此，要把握劳动价值观这个纲，重视思想政治教育实效这一准则，激发劳动人民崇高的精神追求、理想追求和价值追求，无论时代如何变化，劳动和劳动者的崇高地位和价值是不变的。因此，重新认识劳动观念具有重要的理论意义，充分肯定新时代劳动观教育具有重要的理论价值。

第二，这是思想政治教育特别是劳动教育的应有之义。作为劳动本质的人的教育，思想政治教育需要强化劳动教育环节，充分发挥实践育人功能。近年来，劳动教育一直是思想政治教育的热点话题，劳动教育的本质和核心是培养劳动价值观，这是一种价值体认。劳动观教育作为世界观、人生观、价值观教育的重要组成部分，新时代劳动观教育就是要树立正确的劳动价值认识，全面提升人的劳动精神和品格，使人们在劳动中获得幸福和尊严。因而，必须重视人这一主体，特别是人的劳动的基础性地位和作用。以新时代劳动观教育为突破口，以历史唯物主义的立场和辩证方法建构新时代劳动观教育，就要引导人们塑造正确的劳动价值观，促使劳动光荣成为新时代中国特色社会主义的普遍价值追求，推动全社会形成崇尚劳动、热爱劳动的风尚，实现新时代思想政治教育实践育人的功能。通过劳动的实然与应然、理论与实践的统一，使人们认识社会发展的动力、规律，明确人生实现的意义、价值。这就要求我们通过立足新时代语境，重点重塑人的劳动价值观，激活劳动观教育的现实功用，真正地融入劳动观教育的具体实践，这具有重要的实践和现实意义。

二、国内外研究综述

当前，关于劳动、劳动教育、价值观教育等相关问题研究正逐步深入，并不断走向成熟，为研究劳动观教育提供了有效指导和有益借鉴，但现有成果缺乏对劳动观教育的基础研究、细分研究和系统研究等，这给新时代劳动观教育提供了新的研究视角、思路和价值。

第一，缺少从思想政治教育学视角的深度研究。在已有研究成果中，大多劳动观教育的研究存在混淆、模糊劳动观教育和劳动教育这两个概念的事实，在一定程度上掩盖劳动观教育的自身独立性，淡化人们对劳动价值观的重要性认识。从思想政治教育学视角入手，将劳动价值观作为切入点，以本体论、价值论为指导，思考和重塑新时代劳动观教育的价值意义，让劳动光荣、劳动者伟大成为新时代下的价值共识，增强思想政治教育的时代感和实效性，这就迫切需要使新时代劳动观教育研究不断走向深入和系统。

第二，劳动观教育的研究方法相对单一。现有研究大多是从理论出发，而止于理论，从教育问题出发，而止于教育问题，研究方法还大都停留在文本法，缺乏现实依据和经验总结。劳动观教育研究需要结合理论和实际，既有理论支撑，又有历史材料和现实依据，否则犹如没有根基的大厦，研究结论是站不住脚的，最终结果会导致对新时代劳动观教育研究失去针对性，其实效性也无从谈起。

第三，劳动观教育研究缺乏时代性。跟其他思想政治教育问题一样，劳动观教育也具有时代性，每个时代的劳动观教育都有相应的特点，新时代决定了劳动观教育较以往时代的劳动观教育，既有共性，也有鲜明的时代特点。劳动领域面临一系列新变化、新问题，无论从研究数量、研究对象还是研究内容上看，现有成果对新时代劳动观教育研究不足，本研究具有重要时代价值和现实意义。

三、研究思路与方法及创新

（一）研究思路

对新时代劳动观教育研究的系统论述，由绪论和其他五个具体章节组成，其展开遵循一定的逻辑理路，研究何为新时代劳动观是基石，新时代劳动观何以重塑是重点。因此，要先澄清何为劳动，再明确新时代劳动观何以教育。本研究除绪论外，新时代劳动观的基本概念、新时代劳动观的理论基础这两章，主要是围绕着劳动是什么进行阐释；新时代劳动观教育的价值旨趣、新时代劳动观教育的内容构建、新时代劳动观教育的实践策略这三章，主要是围绕着新时代劳动观怎么教育进行探索。

在具体内容上，绪论主要阐述新时代劳动观教育的选题依据及其意义，通过分析评述当前国内外相关研究，明确本研究的基本思路与方法，进而对创新之处做必要说明；第一章是新时代劳动观的基本概念，从劳动、劳动观的释义出发，界定新时代劳动观的概念，并对劳动光荣、劳动育人、社会主义劳动者等相关概念加以阐释；第二章是新时代劳动观的理论基础，在劳动与唯物史观构建、劳动者与社会主义建设、劳动光荣与劳动者伟大的视域下，从经典马克思主义劳动思想中汲取真理力量，从我国传统劳动思想和马克思主义劳动思想中国化中赓续精神血脉；第三章是新时代劳动观教育的价值旨趣，从"劳动托起中国梦""美好生活靠劳动创造""德智体美劳全面培养""劳模精神、劳动精神、工匠精神""劳动最光荣"的新时代话语中，把握肩负中华民族伟大复兴使命、解决新时代社会主要矛盾、推进现代化教育体系构建、形塑人的劳动精神、增强人的劳动价值判断力的价值旨趣；第四章是新时代劳动观教育的内容构建，在明确认知、认同、实践的三个主要目标以及引领、育人、共情的三大基本功能的基础上，重点把握新时代劳动观教育的内容旨要，具体为创新劳动教育、劳动幸福教育、职业分工教育以及劳动精神教育；第五章是新时代劳动观教育的实践探索，参照全员—全过程—全方位的教育模式，在方法取鉴上重视灌输式、启发式、体验式和服务式劳动观教育，在路径选择上丰富劳动观教育的受众群众、优化劳动观教育的实施主体、完善劳动观的教育课程设置、拓展劳动观的实践教育基地、深化劳动观的教育活动方案。

　　从整体上看，新时代劳动观教育这一研究，坚持以习近平新时代中国特色社会主义思想为指导，全面贯彻习近平总书记关于劳动的重要论述，准确把握新时代劳动观的思想意涵与实践要义，重塑马克思主义劳动逻辑下人的价值观教育。将新时代劳动观教育研究置于马克思主义理论和思想政治教育学科下，以辩证唯物主义和历史唯物主义的立场、观点和方法，思考社会转型期内、新时代背景下劳动观教育这一问题，将实然与应然、理论与实践的问题在劳动价值观教育中统一起来。

（二）研究方法

本研究主要采用文献研究法，理论与实践相结合的两种方法，在写作过程中根据分论点的研究需要，适当运用调查研究法、对比研究法、定性与定量相结合等其他研究方法。

第一，文献研究法。通过收集、整理、分析已有研究文献，科学认识和理解劳动、劳动教育、价值观教育，是研究新时代劳动观教育最基础的一种方法，其每一章节的形成，都离不开文献的支撑。比如，在研究新时代劳动观教育的理论基础时，将劳动观教育置于经典马克思主义、马克思主义中国化、我国传统文化的历史脉络中，整理分析劳动思想的相关研究成果，结合具体史料和文本进行考察分析。文献资料能够有效提升研究的学理性和理论性，是必不可少的研究方法。

第二，理论与实践相结合方法。坚持理论与实践相结合的研究方法，既要加强对新时代劳动观教育的理论文献研究，特别是经典马克思主义、马克思主义中国化、我国传统文化等劳动思想研究，又要加强新时代劳动观教育的现实审视，对新时代劳动价值观进行教育实践回应，加强新时代思想政治教育的育人实践功能。因此，我们要坚持实然与应然、理论与实践的统一，不能仅仅停留在理论说教，更要注重实践育人。因此，理论与实践相结合的方法是主要研究方法。

（三）创新之处

第一，选题上的创新。在以往的学术成果中，大多是围绕劳动教育这一主题进行研究的，特别是 2018 年全国教育大会召开之后，劳动教育再次成为热点话题，呈现日益丰富和逐渐深化的趋势。学界关于劳动观教育的研究相对较少，而且存在混淆、模糊劳动观教育和劳动教育这两个概念的事实，在一定程度上掩盖劳动观教育的自身独立性，淡化人们对劳动价值观的重要性认识。本研究以新时代劳动观教育为主题，侧重劳动价值观的塑造和培育，研究的是劳动教育的本质和核心问题。因此，劳动观教育这一选题的研究主题捕捉得更聚焦更深入，找到热点问题的重点，从而破解劳动观教育与劳动教育研究的模糊界限，明确劳动观教育在劳动教育研究中的核心地位，强调劳动观教育在思想政治教育研究中的重要作用。

第二，研究上的创新。全方位、系统化地研究了新时代劳动观教育，为何新时代劳动观是基石，新时代劳动观何以重塑是重点。坚持以习近平新时代中国特色社会主义思想为指导，全面贯彻习近平总书记关于劳动的重要论述，准确把握新时代劳动观的思想意涵与实践要义，重塑马克思主义劳动逻辑下人的价值观教育。一方面，深度理解劳动观教育的理论基础，明确以马克思主义的劳动思想为指导，以马克思主义中国化进程中的劳动思想，特别是习近平总书记关于劳动的重要论述为基础，将新时代的劳动价值观和主流意识形态贯穿劳动观教育的始终，以马克思主义理论体系中的劳动逻辑为主线重塑人的价值观教育，明确劳动价值观教育在劳动教育中的核心地位。另一方面，紧紧围绕劳动观教育展开研究，通过劳动这一具体社会实践活动达成育人目的，将实然与应然、理论与实践的问题在劳动观教育中统一起来，激活劳动观教育的现实功用，融入劳动观教育的具体实践。总而言之，从根本上重塑马克思主义劳动逻辑下人的价值观教育，使劳动光荣、劳动者伟大真正地成为劳动观教育的总体致思和核心要义。

第一章　新时代劳动观的基本概念

"只要社会还没有围绕着劳动这个太阳旋转，它就不可能达到均衡。"① 只要社会还没有达到均衡，理论研究就绝不可能停止对劳动的探究，任何关于劳动的研究都是对达到社会均衡状态进行的努力和探索。其对劳动、劳动观、社会主义劳动观的基本概念释义，以及对劳动光荣、劳动育人、社会主义劳动者的相关概念解读，是研究新时代劳动观教育的根本前提。

一、劳动的释义

（一）劳动的概念

对劳动的本质和定义的研究，比较常见的研究领域有词源学、社会学、逻辑学、经济学、哲学等，都在尝试对劳动进行界定，解释人和人类社会的发展。最常见的研究领域是词源学，对劳动的界定较为直观、了当。在古汉语语境中，关于"劳"与"动"的表述大多数是

① 马克思恩格斯全集：第 18 卷 [M]. 北京：人民出版社，1956：627.

独立存在的。"劳"字的小篆体是🔣，可以看出上面是🔣，表示灯火；中间是🔣，表示房屋；下面是🔣，表示力气。在《说文解字》中将"劳"字解释为"劇也。从力，熒省"，可以理解为火烧房屋，用力救火者疲惫辛苦。作动词时表示操劳，比如《孟子·滕文公上》中的"劳心，或劳力；劳心者治人，劳力者治于人"；作形容词时表示疲劳，比如《伶官传序》中的"忧劳可以兴国，逸豫可以亡身"。"动"字的小篆体是🔣，可以看出左边是🔣，表示重量；右边是🔣，表示力气。在《说文解字》中将"动"字解释为"动，作也。从力，重聲"，可以理解为用力背。作动词时表示活动，比如《易·系辞》中的"效天下之动者也"。从词源上看"劳"和"动"的文字结构都有🔣，即力，表示耗费气力做某事。古汉语语境中的"劳"与"动"多指体力劳动，这是因为，在原始农业产生的时期，生产力水平较为低下，体力劳动占较大比例，人们普遍采用刀耕火种的方式，依靠单薄的体力进行繁重的劳作。与此同时，在西方语境中，劳动在英文 labor、labour，以及希腊文 πόνος、德文 Arbeit、法文 travail 中，多是表达费力、痛苦的意思。按照阿伦特（Arendt）的说法，labor（劳动）与 labare（负重蹒跚而行）有着相同的词根；πόνος 与 Arbeit 都有"贫穷"的词根（希腊文为 πενία，德文为 Armut）。Arbeit 一词被用于翻译 labor、tribulatio（苦难、忧患、磨难）、persecutro（迫害、烦恼）、adversitas（不幸、灾祸、逆境）、malum（疾病）等词。同样，法文 travailler 一词源于 tripalium，意味着某种痛苦与折磨。总的来说，作为一种运用体力实际地改变外部世界、周围环境的活动，西方语境和古汉语语境下的劳动，其概念都显得较为沉重。

　　最早从逻辑学这一研究领域出发，对劳动的本质和定义进行逻辑判断。根据柏拉图的"两分法"和亚里士多德的"属加种差法"，在某一事物与其他同类事物之间的共同点基础上，找出他们之间的不同点。所谓不同点，就是定义事物所具有的特殊规定性，这样就把定义事物与其他事物区分开来，定义事物的本质属性就凸显出来。根据上述定义事物的基本方法，劳动可以定义为人类特有的活动和存在方式。这一定义表明劳动是人类特有的活动和存在方式，而不是动物特有的活动或者存在方式。只有建立在劳动的基础上，这些活动才能够人化。劳动也可以定义为人类运用体力、智力和工具实际改变外部世界和周围环境的对象性的实践活动。这一定义表明劳动是主客体、主客观相统一的实践活动，具有主体性与客体性、主观性与客观性、创造性与对象性的双重特性，而不是只有主体性、主观性和创造性，而不同时具有客体性、客观性和对象性的思维活动。劳动必须是一种实践活动，而且这种实践活动必须运用体力、智力和工具实际地改变着外部世界和周围环境，而不是动物性地改变着外部世界和周围环境。

　　更多对劳动的研究是在经济学领域，将劳动作为一个经济学概念来研究。随着西方资本主义经济的发展，经济学家开始关注劳动问题。财富的来源问题一直是重商主义和重农主义争相讨论的问题，重商主义认为流通是财富的源泉，重农主义认为农业是唯一的生产部门。古典经济学把财富的视野从流通领域转向到生产领域，亚当·斯密认为财富的唯一源泉，体现出劳动的内在规定性，这成为《国富论》的重要理论基础和出发点。而大卫·李嘉图通过对劳动理论的批判性反思，进一步尝试明确劳动的内在规定性，肯定劳动是财富的唯一源泉，并强调生产中消耗的劳动决定商品的价值，正是在经济学领域，劳动的概念开始具有经济属性，此后经济学家对劳动的界定，都离不开劳动是财富的唯一源泉这一判断。

劳动概念从经济学领域提升到哲学领域，是把握劳动的哲学本质规定性的一个重要视角。黑格尔较早地将劳动概念的运用提升到哲学领域，他在《精神现象学》《法哲学原理》等著作中的劳动论题，都归于主体和客体的对立统一关系中。马克思对此理解是，黑格尔认为劳动是绝对精神在塑造世界时的外化，是体现人的本质的精神活动，是实现人的自我意识的方式，即"把一般来说构成哲学的本质的那个东西，即知道自身的人的外化或者思考自身的、外化的科学看作劳动的本质"①。

除此以外，其他领域对劳动的研究从未停止过，并且逐渐解开劳动神秘的面纱，走进劳动的真相。劳动作为一种最基本的实践活动，教育、科技、艺术等其他实践活动都能够从劳动中得到解释，并反过来丰富劳动本身。马克思主义从劳动出发，以劳动为核心和辐射点解释社会历史乃至自然界的变化，从而形成唯物史观、劳动史观和实践史观，在历史上第一次公开站在劳动者的立场上，为劳动者伸张权力，要求按照劳动者的本性和价值观改造世界，可以说是一种名副其实的"劳动者的哲学""无产阶级世界观"和"工人阶级争取解放的思想武器"②。在人类历史的开端，劳动乃是唯一的人类实践，后来所有的人类实践最多只是以萌发的形式蕴藏在劳动之中；劳动是人类历史的开

---

① 马克思恩格斯全集：第42卷［M］. 北京：人民出版社，1956：163-164.
② 王江松. 劳动哲学［M］. 北京：人民出版社，2012：265.

端、发源地和原型，是打开社会历史奥秘的钥匙。① 因此，立足于马克思历史唯物主义，以马克思主义的劳动逻辑为主线进行研究，能够科学认识劳动的本质，进而深刻理解劳动价值观教育的重要性。

（二）劳动与生产、实践、工作、行动的概念辨析

对劳动的释义，离不开劳动与实践、生产、工作、行动的概念辨析。劳动与其他四个概念具有较强的理论相关性，明确实践、生产、工作、行动的概念是正确认识劳动的前提。

首先是对实践的理解。实践是马克思主义哲学的核心概念，是区别于以往哲学的显著标志，因而马克思主义哲学又被称为实践哲学。其中包括实践本体论、实践认识论、实践价值论等，体现了人与自然、人与社会、人与人等诸多关系的总体性范畴。

Praxis 和 Practice 都有实践之义。从哲学语言来讲，前者属于本体论意义上的实践，后者属于认识论上的实践。前者来自希腊文 πραξίς，表示自由人可能从事的一切活动，包括人在内的一切生命物的活动。到了亚里士多德那里，实践概念才开始规范化。他将人类的基本活动一分为三，即理论 θεωρία、实践 πραξίς 和创制 ποίηδίς。相较于理论属于沉思的领域，实践和创制都属于行动的领域。亚里士多德认为，实践是人所特有的行为和活动，并且这种实践是向善求好的。这里的实践概念，凸显出人以自身为目的的行动领域，打破了以往只把人的理论看作目的性的活动，转而把人的理论和实践并列为目的性活动。

---

① 景天魁. 打开社会奥秘的钥匙：历史唯物主义逻辑结构初探 [M]. 太原：山西人民出版社，1981：45.

　　但是，在亚里士多德看来，创制主要在指生产物质生活资料的劳动。除农业之外的生产劳动几乎由奴隶包揽，农业劳动由最下层的自由人来从事，手工业和服务业由没有公民身份的外邦人来从事。虽然这些劳动或者创造的劳动产品关系到人的肉体生存，但是肉体生存也仅仅是精神生活和政治生活的手段。创制只是实践的手段，奴隶只是主人的手段，工匠只是雇主的手段，因此，创制和实践的划分，就意味着奴隶和主人、工匠和雇主的划分。可以看出，此时劳动和实践在地位上完全不同，劳动要远远低于实践。

　　德国古典哲学把实践的概念进一步引向深入。康德区分了两种不同类型的实践：一是按照自然概念的技术实践，二是按照自由概念的道德实践。康德将亚里士多德的创制，即物质生产劳动纳入技术实践的范畴，但只是简单地将技术实践理解为理论的具体运用，而忽视了属于技术实践范畴的物质生产劳动的重要意义。与康德不同，黑格尔的贡献在于将劳动纳入实践范畴。他认为要实现真正的自由，就要借助实践，使绝对精神不断扬弃自身的外化，而劳动就是实践的其中一种形式。此时的劳动发生了重要变化：一是劳动改变了奴隶和物的关系，确立了奴隶在自然面前的主体地位；二是劳动颠覆了主人和奴隶的关系，使奴隶成为一种独立的自我意识。可以看出，黑格尔颠覆了贬低劳动的哲学传统，挖掘了劳动的积极意义。亚里士多德把劳动视为低级的奴隶活动，将劳动与实践范畴相对立。康德虽然将劳动纳入实践范畴，但只是认为劳动是一种低级的技术实践，没有挖掘劳动的积极意义。黑格尔最先把劳动从西方哲学传统中解放出来，上升到人的本质高度。但是值得注意的是，黑格尔的整个实践观都是建立在唯心主义上的，这里的劳动不过是精神和观念的活动，而不是现实中的人的活动。

费尔巴哈是第一个走出德国古典哲学的人，再次颠倒了理论与实践的关系。费尔巴哈作为半截子的唯物主义者，他把实践视为利益活动，把实践的原则视为利己主义，一切劳动都是为了谋取利益。费尔巴哈极力反对实践，"直到今天，犹太人还不变其特性。他们的原则、他们的上帝，乃是他们实践的处事原则，是利己主义，并且，是以宗教为形式的利己主义"，"如果人仅仅立足于实践的立场，并由此出发来观察世界，而使实践的立场成为理论的立场时，那他就跟自然不睦，使自然成为他的自私自利、他的实践利己主义之最顺从的仆人。这种利己主义的、实践的直观——在他看来，自然自在自为地便是无——之理论上表现在于他认为：自然或世界，是被制造出来的，是命令之产物。"① 但是马克思认为，"费尔巴哈想要研究跟思想客体确实不同的感性客体，但是他没有把人的活动本身理解为客观的活动。所以，他在'基督教的本质'中仅仅把理论的活动看作是真正人的活动，而对于实践则只是从它的卑污的犹太人活动的表现形式去理解和确定。所以，他不了解'革命的'、'实践批判的'活动的意义。"② 此后，马克思从物质生产出发科学解释实践的内涵，构建了历史唯物主义实践观。

其次是生产的概念。在日常用语乃至学术用语中，生产和劳动在使用上经常互换，甚至组合使用，如生产劳动、劳动生产、劳动生产力等。如前所述，亚里士多德将人类的基本活动分为理论 θεωρία、实践 πραξίς 和创制 ποίηδίς，而创制主要指生产物质生活资料的劳动。

---

① 费尔巴哈. 基督教的本质 [M]. 北京：商务印书馆，1997：161.
② 马克思恩格斯全集：第 3 卷 [M]. 北京：人民出版社，1956：3.

如果将创制理解为生产，即为生产物质生活资料，如果将创制理解为劳动，即把生产物质生活资料看作一种劳动。因此，在亚里士多德那里，生产和劳动都属于创制的范畴。创制的目的是生产各种产品，"生产是一种线性的、自我忘却的趋向，在其所产生的事物中实现其意义的活动"，生产就意味着"基本上没有最高的，其本身便是目的的产品"①。

海德格尔继承了亚里士多德对生产的认识，并进一步将生产解释为产出。当事物从遮蔽状态进入解蔽状态，产出才会发生。海德格尔认为，"不仅手工制作，不仅人工创作的使……显露和使……进入图像是一种产出，即 ποίηδίς。甚至 φύδτς，即从自身中涌现出来，也是一种产出，即 ποίηδίς。φύδτς 甚至是最高意义上的 ποίηδίς。"② φύδτς 的意思是"自然""自然而然"，是古希腊用来解读世界本质的元素，如火、水、气等。如此，生产在海德格尔这里就具有了本体论意义。

而马克思将生产引入历史唯物主义的范畴。马克思对劳动和生产概念的最初阐述，体现在人与自然的物质变换关系上，劳动与生产这两个概念是同一的，主要在生产劳动的意义上混用。比如，马克思在论及人和动物的本质区别，有时使用劳动的概念，有时使用生产的概念。但是，从社会历史发展的进程中，当马克思对资本主义社会、资本主义生产进行批判时，对劳动和生产两个概念的使用有所侧重。从人与自然的物质变换关系来看，生产侧重从整个社会角度看待人与自然的物质变换关系，劳动侧重从人的角度看待人与自然的物质变换关

① 张汝伦. 历史与实践 [M]. 上海：上海人民出版社，1995：113.
② 孙周兴. 海德格尔选集：下 [M]. 上海：上海三联书店，1996：929.

系，虽然劳动、生产都是人的有目的的创造性活动，但是生产强调在人类社会存在和发展过程中的活动过程，而劳动强调人的活动本身。从劳动结构的分析中来看，生产力表明劳动技术方面和劳动过程中人与自然的关系，生产关系表征劳动的社会方面和劳动过程中人与人的关系，这样一来，劳动这个范畴也就等同于作为生产力和生产关系之统一体的生产方式这个范畴了，只不过劳动是一个动态的对立统一过程，而生产方式则是一个静态的对立统一体。① 无论怎么理解马克思的劳动和生产，毋庸置疑，马克思将他的劳动概念走向了生产概念，也从生产概念回落到劳动概念中。在马克思主义理论中，马克思从劳动的概念出发，不仅解释了资本主义生产关系的剥削性质，而且阐述了整个社会的基本结构和发展动力。正如马克思所说，劳动一般是"被现代经济学提到首位的、表现出一种古老而适用于一切社会关系形式的关系的最简单的抽象，只有作为最现代的社会的范畴，才在这种抽象性上表现为实际真实的东西"②，从这个意义上看，劳动具有概括性、抽象性，而生产具有具体性、丰富性，生产无疑是劳动的具体体现。

再次就是工作、行动的概念。阿伦特对劳动、工作和行动三者的概念有着严格区分和明确阐释，在《人的境况》中指出，人类最根本的活动就是劳动、工作和行动，是人在地球上被给定的生活的一种基本境况。劳动是人的生命过程本身的活动，构成了人类活动的私人领域；工作是人制造物的活动，构成了人类活动的社会领域；行动是人与人之间的活动，构成了人类活动的公共领域，从而构成了人之为人

---

① 王江松. 劳动哲学［M］. 北京：人民出版社，2012：265.
② 马克思恩格斯全集：第12卷［M］. 北京：人民出版社，1956：755.

的根本。

在阿伦特那里，劳动是以人的生命过程中满足自身需要来衡量的，马克思把劳动定义为"人与自然的新陈代谢"，在劳动过程中自然物质通过改变形态适应人的需要，达成劳动和劳动主体合而为一的状态。劳动和消费只是生命循环的两个阶段，循环需要通过消费来维持，而提供消费手段的活动就是劳动。无论劳动生产什么，都几乎立刻被用来满足生命过程，而这种生命过程再生的消费，生产或再生产着进一步维持生命所需的新"劳动力"。与劳动相比，产品具有实在性和物质化形态，这些产品本身比生产它们的劳动活动更长久，更比生产它们的人的生命过程更长久。而对于真正人的生命过程所需要的东西，几乎是在生产的同时就被消耗掉了，同时劳动还要无休止地抵御自然规律，是一种辛苦的日常杂务，需要日复一日地重复。因此，阿伦特用劳动动物指代人，体现出劳动对人的生命活动的必要性只不过是源于人的本身的动物性，劳动只是一种必然现象，只是强加于人生命过程中的必经阶段。在阿伦特看来，"内在于劳动的快乐，基本上来说是活着的喜悦"，"在这个规定好的循环——痛苦地消耗和愉快地再生——之外，没有持久的幸福可言；认可打破这一循环使之失去平衡的东西——无论是贫穷还是悲惨（在其中，筋疲力尽换来的是痛苦不堪而非新生），还是过分富裕的无所事事（在其中，无聊代替了筋疲力尽），或者生活必需品的消耗和消化，无情地压榨人软弱的躯体，让人贫困至死，都会破坏从纯粹活着中得到根本快乐"①，也就是说，人的劳动体验只有无尽的痛苦和无休止的重复。

———————————

① 阿伦特. 人的境况［M］. 王寅丽，译. 上海：上海人民出版社，2017：77-78.

　　而工作是以一个制作者领域，而不是以一个劳动动物领域存在的。阿伦特认为制作具有持存性，制作作为一个物化的过程，制作产品是经历了劳动和消费后唯一留下的有形物，世界的稳定性正是体现在制作产品的持存性上。工作不同于劳动，劳动是人的制作和对材料本质的加工，人的劳动和劳动对象的融合可以形成人造物。与劳动产品不同，劳动产品几乎在生产的同时就被消耗掉了，而制作产品则具有持存性，即使这种持存性不是绝对的，至少在一段时间里能经受抵挡制造者和使用者的需索，最终面临用光耗尽。制作还具有目的性，制作过程完全是由制作目的决定的，制作产品实际上是一个目的产品。劳动也具有目的性，劳动产品具有为了人的生命过程所需要的消耗的目的，同时，劳动产品又变成维持人的生命过程和满足人的生命过程所需的劳动力再生的手段。而制作目的很简单，只是为了制作出独立的、持存的、稳定的产品。虽然同劳动一样存在重复，但这种重复一是源于制作者为了生存的需要，是市场上对制作产品复制的要求，制作过程的重复源于自身之外，而不像劳动本身就包含着强制性的重复，为了劳动就必须吃饭，为了吃饭就必须劳动。制作的工具性使得人去建立一个物的世界，在这个世界里，每个东西都必须有用。工具和器械减轻了劳动的辛劳痛苦，改变了劳动固有的紧迫必需的现实方式，但人的工具化活动使所有的事物都被贬低为手段，失去了其内在的独立价值。制作的工具性特征意味着人们使用工具，不是为了它们自身劳动，而是为了生产产品。

　　直面劳动的必然性和工作的有用性这两大局限，阿伦特呐喊"去行动！"阿伦特认为，行动具有主动性和创新性，"这个切入不像劳动那样是必然性强加于我们的，也不像工作那样是被有用性所促迫，而是被他人的在场所激发的。因为我们想要加入他们，获得他们的陪伴。但它又不完全被他人所左右，它的动力来自我们诞生时带给这个世界的开端，我们又以自身的主动性开创了某个新的东西，来回应这个开端。"① 行动的特性正是源于人的复数性，行动作为人类活动的最高层次，与之对应的不是单个的人，而是人们，人不是单个的存在，而是一种与他人共处的存在。在这种与他人的共处中，人们开始从劳动的私人领域、工作的社会领域走向行动的政治领域、公共领域，人从劳动的自然存在物、工作的社会存在物也发展为行动的公共存在物、政治存在物。然而这种公共性不是真正的公共性，"劳动的本性就是把人在劳动中结成一伙，在其中，任何数量的个人'都像一个人似的一块劳动'，在此意义上，劳动比其他任何活动更弥漫着群集性。但是这种'劳动的集体性质'，根本不能为劳动团伙的每个成员建立一种可辨认、可确定的真实性，而是相反，实际使他们丧失了对个性和身份的一切意识；也正是这个原因，一切来自劳动中的'价值'其实都是'社会的'，根本上与一群人吃吃喝喝附带的乐趣没有什么两样。从人身体与自然的新陈代谢活动中产生的社交乐趣，不是以平等为基础的，而是以同一性为基础的。"② 阿伦特认为，这种劳动的胜利、劳动的解放，更确切地说是劳动取代行动的胜利、劳动取代行动的解放，就是人的异化的结果。劳动的胜利和解放，虽然使人的物质欲望得到满足，但却失去了人之为人的根本——行动，最终闭锁在私人领域以致成为孤立的个人。

---

① 阿伦特. 人的境况 [M]. 王寅丽，译. 上海：上海人民出版社，2017：139.
② 阿伦特. 人的境况 [M]. 王寅丽，译. 上海：上海人民出版社，2017：167.

二、劳动观的释义

（一）一般劳动观的概念

在古汉语中，"观"字的小篆体是 ![字形]，可以看出，左边是 ![字形]，表示眼睛；右边是 ![字形]，表示看见。在《说文解字》中将"观"字解释为"諦視也。从見，雚聲"，可以理解为仔细看。作动词时表示观察，比如《战国策·秦策》中的"由此观之，王之蔽甚矣"；作名词时表示事物，比如《游褒禅山记》中的"而世之奇伟，瑰怪，非常之观，常在于险远"。在现代语境下，"观"是指人们对事物的观点、看法和认识。劳动观特指人们对生产劳动的看法和态度，是世界观的重要内容。由此，普遍意义上的劳动观就是人们对劳动的根本观点、看法和认识，即对劳动的本质、目的、价值等方面的解释、说明和评价。对劳动观进行研究，需要把握好"劳动是什么""为什么劳动"以及"怎么看待劳动"这三个问题，即从本体论、认识论和方法论这三个部分对劳动进行认识。研究劳动的本质是为了回答好"劳动是什么"的问题，研究劳动的目的是回答好"为什么劳动"的问题，研究劳动的价值是为了回答好"怎么看待劳动"的问题。特别注意的是，这里的价值，不是经济学或西方政治经济学中的价值，不是指体现在商品中的社会必要劳动时间，而是指积极作用。劳动观作为对劳动本身做出的一种抽象的价值衡量，现实生活中的劳动观影响着人们对劳动的认识与实践，人们往往是从劳动观的价值视域中理解并实践劳动本身。

辨析劳动观与世界观、人生观和价值观的概念，总的来说，劳动观从属于世界观、人生观和价值观，是世界观、人生观和价值观在劳动问题上的具体反映，反过来，劳动观也会影响到世界观、人生观和价值观。首先，世界观是人们对世界的总的看法和根本观点。劳动观中包含着人们对劳动的本质的认识，即"劳动是什么"的问题，因而对劳动的本质的认识，在一定程度上是世界观的反映。反过来，劳动观也会影响到人们的世界观，人们对劳动的本质的认识，会影响到对其他事物的认识。其次，人生观是对人们对人生的价值、目的和意义的根本看法和根本态度。劳动观包含了人们对劳动的价值、目的和意义的认识，即"为什么劳动"的问题，因而对劳动的价值、目的和意义的认识，在一定程度上是人生观的反映。反过来，劳动观也会影响到人们的人生观，人们对劳动的价值、目的和意义的认识，会影响到人们的人生道路。再次，价值观是人们对个人和社会相互价值意义的判断。不同人的劳动观中本来就存在价值取向，即"怎么看待劳动"的问题，因而对劳动能否满足自身需要的比较稳定的观点、看法与态度，在一定程度上是人们价值观的反映。反过来，劳动观也会影响到人们的价值观，人们在劳动中形成比较稳定的观点、看法与态度，会影响到人们在个体价值和社会价值中实现劳动价值。

（二）社会主义劳动观的概念

人们在劳动中所处的生产关系、社会制度、道德要求等不同，就会形成不同的劳动观。一般来说，劳动观可以划分为剥削阶级劳动观、无产阶级劳动观、资本主义劳动观、社会主义劳动观等。"学界已经将'社会主义'作为一种传统来看待。作为一种传统，它不再以政治革命、社会革命和文化革命的运动形式存在，而是以被深刻改变了的现代中国的社会结构以及中国人的价值观念而存在。"① 社会主义劳动观可以理解为社会主义制度下人们树立的热爱劳动、热爱劳动人民的劳动价值观念，这关乎社会主义制度的优势展现和有效发挥，关乎社会主义主流意识形态教育的关键地位和重要作用。本研究阐释的劳动观教育就是社会主义劳动观教育，充分体现我国劳动的社会主义性质和劳动人民当家作主的地位，其总体致思和核心要义是劳动光荣、劳动者伟大。

理解社会主义劳动观，首先要明确的一点是，社会主义劳动观是区别于资本主义劳动观的。资本主义把私有制发展到了极端，资本主义私有制就是资本对劳动的剥削和统治，是资本主义社会劳动异化的根源。马克思提出共产主义是私有制和异化劳动的扬弃，是劳动产品、劳动过程、人的本质和人与人之间真正的社会联系向人的复归。社会主义劳动正是实现共产主义社会的必经阶段，使生产资料摆脱了资本属性，体现出巨大的生产力和可能性，是实现人的自由全面发展的基础。深入理解社会主义劳动观，更是离不开对社会主义、科学社会主义和中国特色社会主义的基本认识。社会主义、科学社会主义与中国特色社会主义都属于社会主义理论的基本范畴，从理论与实践的结合上对这些基本问题进行分析意义重大。

马克思主义话语体系中的社会主义，"既是指思想、理论、学说，又是指现实运动和社会制度。这三方面是有机联系在一起的。如果用一句话来表达它们之间的内在联系的话，那就是：以社会主义制度必然代替资本主义制度的思想或学说为指导，由无产阶级政党领导本阶

---

① 刘小枫. 作为学术视角的社会主义新传统 [J]. 开放时代，2007 (1)：6.

级和广大人民群众进行社会主义——共产主义运动，通过这种运动建立社会主义、共产主义制度。"① 随着资本主义和社会主义的发展，人们对社会主义的认识不断深化，社会主义在其发展历程中经历从空想到科学、从理论到实践。从总体上看，只有科学社会主义指向了人类社会发展的新阶段。科学社会主义，是马克思、恩格斯创立的一种社会主义理论形态，在最初阐述科学社会主义时，并未使用"社会主义"，而是使用"共产主义"的术语。在他们看来，所谓的社会主义者是指那些信奉各种空想学说的分子和社会庸医，与之相反，自称共产主义者的却是工人阶级中要求从根本改造社会的工人。随着革命斗争的需要，马克思、恩格斯减少使用"共产主义"，而是较多地使用"社会主义"的术语，"科学社会主义"也只是为了与"空想社会主义"相对立才使用的。科学社会主义正是站在莫尔、康帕内拉、闵采尔、莫莱里、马布利、巴贝夫，特别是圣西门、傅里叶和欧文等空想社会主义理论家的肩膀上，批判地继承空想社会主义思想基础上产生的。空想社会主义之所以具有局限性，科学社会主义之所以具有科学性，正是因为空想社会主义从抽象的理性出发，而科学社会主义从具体的现实出发，以唯物史观和剩余价值作为两大理论基石，揭示了人和人类社会发展的客观规律，最终把社会主义建立在科学基础上。

中国特色社会主义，正是马克思主义关于社会主义建设的基本原理和现实实践相结合的产物，体现的是当代中国的社会主义理论思维和实践探索，是扎根于当代中国的科学社会主义。社会主义的"中国特色"，体现了社会主义共性与个性的辩证统一，正如马克思认为，

① 赵明义.社会主义论：基础理论·在当代中国·在当代世界.［M］.济南：山东人民出版社，2011：45.

任何国家都将走向社会主义，由于各国国情不同，文化背景不同，不同国家将走一条不同的发展道路，不同国家的社会主义建设乃至社会主义制度都将带有本国的特色。改革开放以来，中国共产党及其领导人从中国特色社会主义的实践出发，不断发展和深化对社会主义本质的认识，提出了"社会主义的本质是解放生产力，发展生产力，消灭剥削，消除两极分化，最终达到共同富裕""促进人的全面发展是社会主义社会的本质要求""社会和谐是中国特色社会主义的本质属性"等重要论断。根据中国特色社会主义进入新时代的新矛盾、新方位、新任务，习近平总书记提出"党的领导是中国特色社会主义最本质的特征""共享是中国特色社会主义的本质要求"等一系列新的重要论断。虽然马克思主义经典作家并未涉及"社会主义的本质"这一概念，但是科学社会主义为中国共产党及其领导人对社会主义本质的认识奠定了理论基础。而中国特色社会主义的实践，又推动着中国共产党对社会主义本质认识的深化。因此，社会主义本质认识的深化发展，是中国特色社会主义理论逻辑和现实逻辑的必然结论。"中国特色"的社会主义，是在特定的历史条件下形成的，也是对特定的实践经验的总结，正如恩格斯所说的，每一个时代的理论思维，包括我们时代的理论思维，都是一种历史的产物，它在不同的时代具有完全不同的形式，同时具有完全不同的内容。本研究所说的社会主义劳动观，要体现出我国社会主义制度的优越性，更要体现我国社会主义制度的"中国特色"。因此，要在马克思主义劳动话语指导下，结合我国的具体国情和实践科学理解劳动概念，正确树立劳动观。

可以说，社会主义劳动观是由劳动的本质属性和社会主义的本质属性决定的。首先，要清醒地认识到，社会主义劳动依然具有谋生性、生存性。正如马克思所说，人类生存的第一个前提也就是一切历史的第一个前提，就是生产物质生活本身。劳动作为谋生手段是人类社会发展的共有现象和世俗基础，这里所说的一切历史，必然涵盖社会主义社会和共产主义社会。劳动仍然没有摆脱谋生手段的性质，对劳动者来说，从事劳动首先还是为了谋生。有些人认为共产主义社会不需要劳动，是错误地理解"在劳动已经不仅仅是谋生的手段，而是本身成了生活的第一需要之后"这一论断，不仅仅是谋生的手段，不是不再是谋生的手段，充分肯定了劳动作为谋生手段是人类社会发展的共有现象，共产主义社会也不例外。但是不同的是，在共产主义社会，劳动作为谋生手段是通过本身成为生活的第一需要表现出来的。其次，还要深刻地认识到，社会主义劳动必然具有阶级性、社会性。列宁曾指出，为自己的劳动取代强制的劳动，是人类历史上最伟大的更替。由于社会主义劳动的利益一致，为社会的劳动也是为自己的劳动，为社会的劳动是为了满足社会需要而进行的劳动，从长远来看也是为劳动者自己利益而进行的劳动。因为社会生产的扩大、劳动生产率的提高、劳动产品的增加，归根结底，都是为了更好地满足劳动者的需要。这既是社会主义社会发展所要求的，又是为劳动者的自身需要所进行的。此外，更要自觉地认识到，社会主义劳动还具有批判性、超越性。资本主义制度下的劳动不同于社会主义制度下的劳动，马克思以批判为精神武器，以劳动为物质武器，以异化劳动为社会坐标，对资本主义私有制和劳动异化进行无情批判，将自己的使命归结为对存在的一切进行无情批判，从而在批判旧世界中发现新世界一样。在一定程度上，社会主义劳动较之共产主义新世界中的劳动，也是自由劳动的一种异化形式，但这种异化，是区别于资本主义劳动的异化，是通往共产主义社会实现人的自由全面发展的一种必然。

三、社会主义劳动观的相关概念

如前所述，人们在劳动中所处的生产关系、社会制度、道德要求等不同，就会形成不同的劳动观。社会主义劳动观蕴含在我国的社会制度以及劳动者的价值观念之中，能够真正从劳动者的需要、利益、情感、精神出发。因此，要正确把握好劳动光荣、劳动育人、社会主义劳动者三个重要概念，这关系到对社会主义劳动的价值理念、实践要义和主体范畴的基本认识。

（一）劳动光荣

根据"思想政治教育是指社会或社会群体用一定的思想观念、政治观点、道德规范，对其他成员施加有目的、有计划、有组织的影响，使它们形成符合一定社会所要求的思想品德的社会实践活动"① 的定义，劳动光荣这一理念就是"一定的思想观念、政治观点、道德规范"在社会主义劳动的集中体现，可以从"意识形态论""价值主导论""人学目的论"等论述中科学推导出来。

意识形态论认为，"意识形态性是思想政治教育现象中共同具有的最一般、最普遍、最稳定的属性……由于阶级性是意识形态的本质特征，因为不同的阶级有不同的意识形态。"② 思想政治教育的意识形态性决定了思想政治教育必然以一定的意识形态作为思想和方法论指

---

① 邱伟光，张耀灿. 思想政治教育学原理 [M]. 北京：高等教育出版社，1999：4.
② 石书臣. 思想政治教育的本质规定及其把握 [J]. 马克思主义与现实，2009（1）：176.

导。劳动观总是同特定的社会理想和社会制度联系在一起，因此，社会主义劳动观就是同社会主义理想和社会主义制度联系在一起。在任何阶级社会，每个阶级都力图用本阶级的思想观念、政治观点、道德规范来影响社会成员的理念和实践。但是社会主义劳动观与以往历史上其他劳动观有着本质区别，体现着无产阶级党性和社会主义特质。只有社会主义劳动观敢于公开声明是为社会主义劳动者服务的，每个社会主义劳动者都应该是社会主义国家的主人，社会主义国家正是在社会主义劳动者的伟大劳动中铸就的。劳动光荣就是社会主义劳动光荣、社会主义劳动者光荣，既符合社会主义社会发展的客观实际，又符合社会主义劳动者的客观实际。

价值主导论认为："思想政治教育是进行一定社会主导性价值观教育的实践活动。同时，思想政治教育也是培育人的精神世界的育人活动。坚持前者，就坚持了思想政治教育的党性原则；坚持后者，就坚持了思想政治教育的教育品质。任何割裂二者关系的做法，都只能片面地理解其本质。"[1] 思想政治教育要兼顾价值构建和价值教育两个方面，价值构建为价值教育提供教育框架，价值教育为价值构建提供实践路径，思想政治教育的本质在一定程度上就是价值构建和价值教育。社会主义劳动观不仅同社会主义理想和社会主义制度密切联系，还同社会主义核心价值观以及其他价值观相辅相成。社会主义劳动观正是扎根于社会主义核心价值观，不仅能够体现社会主义劳动者的价值概括，还具有趋向共产主义劳动的价值特征。比如富强、敬业，是社会主义核心价值观的价值范畴，更是社会主义劳动观的价值范畴，

---

① 李辉. 思想政治教育本质认识分歧探源 [J]. 思想教育研究，2011 (7)：14.

二者的生成与社会主义劳动息息相关，体现对劳动光荣的价值肯定。只有劳动是光荣的，劳动者才会敬业奉献，社会主义国家才会繁荣富强。社会主义荣辱观以辛勤劳动为荣，以好逸恶劳为耻的重要论断，更是对社会主义劳动者行为规范的高度概括和价值引导。

人学目的论认为，"思想政治教育有为社会、为阶级服务的一面，也有为人的发展服务的一面，但从根本上说是为人的全面发展服务，并将培养人的全面发展作为思想政治教育本质的回归"。① 思想政治教育的本质，从根本上讲的是人的问题，即人的自身建设和发展问题。社会主义劳动，从根本上讲的也是人的问题，即劳动在人的自身建设和社会发展过程中的思想观念和政治立场问题，正是从人出发，构建在人的劳动基础上的一项社会实践活动。没有劳动，人就无从谈起，没有社会主义劳动，就没有社会主义劳动者，就没有实现劳动者全面发展的可能性和必要性。马克思主义正是从人的本质论看待劳动的，正是通过劳动这一实践，人的本质力量才能得到实现。在马克思主义的语境中，劳动得到了层次更高、内涵更深、范围更广的科学诠释，劳动者的自由全面发展成为社会发展的重要目标。因此，从人学目的论上讲，社会主义劳动是光荣的，即实现社会主义劳动者的全面发展是光荣的，社会主义劳动正是实现社会主义劳动者的本质力量。

（二）劳动育人

根据上述思想政治教育的定义，劳动育人是"形成符合一定社会

---

① 陈秉公. 思想政治教育本质研究现状及建议 [J]. 思想教育研究，2014（6）：10.

要求的思想品德的社会实践活动"在社会主义劳动观的集中体现,通过劳动这一具体社会实践活动达成育人目的。

首先,思想政治教育是一种社会实践活动。思想政治教育作为一种社会实践活动,是与一定的社会阶级活动相联系的,是一定的社会阶级精神生产和意识形态建设的重要方式。正如马克思所说,"统治阶级的思想在每一个时代都是占统治地位的思想。这就是说,一个阶级是社会上占统治地位的物质力量,同时也是社会上占统治地位的精神力量。支配着物质生产资料的阶级,同时也支配着精神生产的资料"。① 社会主义劳动作为在社会主义条件下物质生产和精神生产的具体方式,是思想政治教育在劳动范畴的实践表达。思想政治教育作为社会实践活动的重要方面,劳动在思想政治教育实践中发挥着重要作用。随着思想政治教育的实践发展,"越来越注重理论本身的实践解释力和对象化程度,越来越重视理论的可操作性,这些与当代理论所处的特殊时代和它所面临的社会现实问题具有内在相关性"。② 作为思想政治教育的具体内容,把握好劳动观的实践解释力才能更好地为思想政治教育实践提供支撑。

再次,劳动育人是一种社会实践活动。劳动育人是基于劳动的观点而形成的教育理念,要符合劳动的客观规律和思想政治教育属性。一方面,劳动育人是符合劳动的客观规律的。劳动育人不仅符合劳动的基本规律,而且符合劳动的发展规律,劳动作为马克思主义的核心概念,不仅是人的本质规定,也是人类生存和发展的根基。马克思主义的出发点和目的地只有一个,就是建设一个劳动者不再受剥削和压

① 马克思恩格斯全集:第3卷 [M]. 北京:人民出版社,1956:52.
② 张耀灿,郑永廷,等. 现代思想政治教育学 [M]. 北京:人民出版社,2006:292.

迫，劳动不仅仅是谋生的手段和工具，实现劳动者的自由全面发展的社会。因此，共产主义社会的劳动才是作为人的生活的第一需要的劳动，共产主义社会的自由才是人通过劳动对外在必然的扬弃和内在本质的回归。在社会发展过程中，从根本上讲，在人的劳动过程中，人通过劳动逐渐地认识和改造自然、认识社会乃至人本身，可以说劳动自始至终蕴含着自我认识、自我觉醒和自我改造。另一方面，劳动育人符合思想政治教育属性。"思想政治教育价值的本质是价值主体的需要——人的政治社会化的需要与思想政治教育属性——满足人的政治社会化属性之间的对应关系的总和，是两者的质的规定性联系而成的思想政治教育价值的质的规定的综合"①，可以理解为，思想政治教育的本质就是以推动人的政治社会化为目的的社会实践活动，其属性表现在满足主体社会化，特别是政治社会化的需要，而在马克思主义语境下，劳动就是满足人的政治社会化的重要手段，其政治社会化功能的实质就是培养社会主义发展所需要的劳动者。

（三）社会主义劳动者

思想政治教育是一个由诸多要素相互联系、相互作用、相互构成的系统。目前，学界对思想政治教育的要素认识不一，但是达成的要素共识是教育者和受教育者。新时代劳动观教育具有宏观的指向性，面向的是广义上的社会主义劳动者。

劳动观作为思想政治教育的具体内容，思想政治教育的教育者和受教育者具有特殊性。在这个思想政治教育过程中，教育者和受教育

---

① 项久雨. 思想政治教育价值论 [M]. 北京：中国社会科学出版社，2003：48.

者在一定程度上都转化成为社会主义劳动者。作为"客体性"主体的教育者，运用劳动观对劳动者加以教育。在劳动观教育过程中，教育者处于主导、支配地位，构成了劳动观教育的主体。同时，教育者本身也是劳动者，在教育过程中，自身的劳动立场、观念和看法也要加以教育。作为"主体性"客体的受教育者，按照社会要求从事劳动。在教育过程中，受教育者处于被动、支配地位，构成了劳动观教育的客体。同时，受教育者本身就是劳动者，在劳动观教育过程中，要对同样作为劳动者的教育者及其运用的劳动观加以接收、内化和整合。因此，认识好教育者和受教育者、主体和客体关系的劳动者，对于劳动观及其教育有着重要的意义。

思想政治教育始终是人的教育，群众的教育，劳动者的教育。"一定的阶级或集团，运用反映本阶级或集团根本的政治目的和经济利益的理论化、系统化的思想意识，自觉地影响和掌握群众的思想，指导和推动群众的社会实践，以实现本阶级或集团根本的政治目的和经济利益过程，这也就是一定的思想为群众所掌握、一定的阶级或集团的思想对象化、群众化、实践化过程。"① 思想政治教育的本质是思想掌握人民群众，所做的"劳动者"的工作，本质上就是要做劳动者的思想工作，做认知引导和价值认同工作，这也是劳动观的重要内容和核心任务。在社会主义条件下，人的主体性属性更加突出，思想政治教育要做到求实创新，就不能忽视对人的本质、人的需要、人的发展、人的价值等探索，劳动观要做到与时俱进，就要在对劳动、社会主义劳动、社会主义劳动者的追问中走向深刻！

---

① 骆郁廷. 思想政治教育的本质在于思想掌握群众 [J]. 马克思主义研究，2012（9）：132.

第二章　新时代劳动观的理论基础

马克思主义唯物史观是研究新时代劳动观的基本立足点和出发点，马克思主义经典作家的劳动思想是深刻认识劳动、劳动者、社会主义建设的理论基石，我国传统劳动思想和马克思主义劳动思想中国化是深刻理解劳动光荣、劳动者伟大的重要文化基因和思想基础，充分体现着马克思主义劳动真精神与中国传统的具体的劳动实践相结合。因此，把握好新时代劳动观的理论基础，是研究新时代劳动观教育的重要依据，要在劳动与唯物史观构建视域下，阐述马克思、恩格斯的一般劳动与人的现实存在确证、异化劳动与资本主义批判、自由劳动与人的自由全面发展以及教育与生产劳动相结合的重要论述；在劳动者与社会主义建设视域下，概括列宁的劳动者的保护、教育与利用以及共产主义劳动的重要思想；在劳动光荣与劳动者伟大视域下，总结我国传统劳动思想和马克思主义中国化过程中的劳动思想成果。总而言之，要在劳动与唯物史观构建、劳动者与社会主义建设、劳动光荣与劳动者伟大的视域下，从经典马克思主义劳动思想中汲取真理力量，从我国传统劳动思想和马克思主义劳动思想中国化中赓续精神血脉。

一、劳动与唯物史观构建：马克思、恩格斯的劳动思想

"马克思主义从劳动出发、以劳动为核心和辐射点解释社会历史乃至自然界的变化，从而形成了一种可被称之为唯物史观、劳动史观、实践史观的社会存在本体论以及相应的价值观和认识论。"① 马克思、恩格斯关于劳动与唯物史观的构建，是研究劳动观的重要理论基石。

（一）一般劳动与人的现实存在确证

马克思始终关注的是现实的人、具有生命的人，是在一定的物质条件下进行物质生产劳动的人。现实的人的生命活动是他们创造自己生活的劳动，所获得的物质条件是现实的人的劳动的结果。人的类特性在于生命活动性质，恰恰就是自由的自觉的活动，这种自由的自觉的生命活动就是劳动。"诚然，动物也生产。它为自己营造巢穴或住所，如蜜蜂、海狸、蚂蚁等。但是，动物只生产它自己或者它的幼仔所直接需要的东西；动物的生产是片面的，而人的生产是全面的；动物只是在直接的肉体需要的支配下生产，而人甚至不受肉体需要的支配也进行生产，并且只有不受这种需要的支配下才进行真正的生产；动物只生产自身，而人再生产整个自然界；动物的产品直接同它的肉体相联系，而人则自由地对待自己的产品。"② 劳动作为现实的人的基本存在方式，使得人同动物从根本上区分开来。动物的生产只是在本能驱动下为了满足肉体生存的需要，而人的生产劳动则是全面的，人

---

① 王江松. 劳动哲学 [M]. 北京：人民出版社，2012：47.
② 马克思恩格斯全集：第42卷 [M]. 北京：人民出版社，1956：96-97.

通过劳动不仅生产出物质生活需要的产品，而且生产出社会活动本身。现实的人不仅是单个的社会存在物，同时也是作为总体一部分的社会存在物，不仅是生命表现的形式，同时也是社会生活的确证。

马克思通过分析人的劳动，发现人类历史发展的规律。人类史的真正前提是"一些现实的个人，是他们的活动和他们的物质生活条件，包括他们已有的和由他们的活动创造出来的物质生活条件"①，新唯物主义的立脚点是人类社会或社会人类，这一阐述使新唯物主义同旧唯物主义、唯心主义区分开来。旧唯物主义作为直观的唯物主义，它的立足点是市民社会，仅仅做到对市民社会单个人的直观，仅仅用个人的观点看待社会，却没有用社会的观点看待个人。在旧唯物主义看来，社会仅仅是一种抽象的概念，仅仅是把单个人自然联系起来的存在。唯心主义的立足点则是抽象的人，而且这种抽象的人只能停留在抽象的思辨中。马克思通过对旧唯物主义和唯心主义的批评，创立了新唯物主义，也就是历史唯物主义，从现实的人的物质生活解释人类历史，确证劳动对人类历史的重要意义。科林伍德曾说过，马克思极感兴趣的、唯一的事情就是历史，但在马克思看来，"历史什么事情也没有做，它'并不拥有任何无穷尽的丰富性'，它并'没有在任何战斗中作战'！创造这一切、拥有这一切并为这一切而斗争的，不是'历史'，而正是人，现实的、活生生的人。'历史'并不是把人当作达到自己目的的工具来利用的某种特殊的人格。历史不过是追求着自己目的的人的活动而已。"②

在马克思看来，人的生产是全面的。一是物质生产劳动，这是人

---

① 马克思恩格斯全集：第3卷［M］．北京：人民出版社，1956：23.
② 马克思恩格斯全集：第2卷［M］．北京：人民出版社，1957：118-119.

类社会生活的物质基础，是人类其他社会活动的根本前提，是人类社会历史的真正发源地。狭义的生产劳动是凭借生产工具的媒介，通过自身的活动作用于自然界，按照预定的目的和计划把自然界之物变成满足人类需要的劳动生产之物。人的劳动生产是对象性的活动，是以客观对象为前提并作用于客观对象，之所以创造出一个对象化的世界，是因为人本身就是有血有肉有需要的客观存在，因此劳动是活的、塑形形象的火；是物的易逝性，物的暂时性……人类生存的第一个前提、一切历史的第一个前提，就是生产物质生活本身。人们为了能够创造历史，首先要能够生活，需要吃喝住穿以及其他一些东西，生产满足这些需要的资料。

二是劳动与社会关系的生产。劳动不是独立于人类社会之外进行的，正是在人们的生产劳动过程中形成了人与人之间的社会关系。人们在从事劳动生产的同时，也生产着自己的物质生活和社会关系本身。任何劳动都是个人对自然的占有，这种占有是在一定社会形式中并借这种社会形式而进行的。这种关系是从劳动过程中生产出来的，表现为人类社会的人与人之间的关系，内容上包括了共同劳动、社会分工和产品交换。在人类社会发展早期，共同劳动成为劳动者之间占主导的社会关系，随着人类社会的发展，社会分工和产品交换成为劳动者之间占主导的社会关系。劳动绝不仅仅是指直接的物质生产劳动，在现实社会中，直接参与物质生产劳动的只是一部分人，随着生产力的发展，在人类社会经历了多次分工之后，许多独立出来的部门都相继发展起来，但都是建立在物质生产劳动的基础上。在这些独立出来的部门中从事活动的人，他们的谋生方式和生产过程与直接劳动者的活动有很大的差别。就分工来说，最普遍、最基本、最关键的就是脑力分工和体力分工。社会分工日益多元化，进一步导致人的利益的多元化，而人在社会中的自由，正是在这种多元化的社会力量的相互作用中实现的。人的社会生活一方面取决于自然关系的发展，另一方面取决于社会关系的发展。劳动作为在一定形式下人们的共同活动，无论是原始社会还是现代社会，都需要人们之间的分工、协作和交往，人类社会许多重要的精神品质，如集体观念、纪律意识、协作意识、创新意识等，都是在劳动的过程中展现出来的。通过对劳动生产过程的历史和逻辑分析，马克思抽象出生产力和生产关系两个基本概念。从生产力的发展本身来说，是衡量人类社会进行的重要标志，更是人类社会利益的集中代表。从社会关系的发展本身来说，人们在社会关系中的不同地位造成了人与人之间的差别，造成了等级、阶级和阶层等。劳动生产过程作为一个总体，同时包含着劳动的自然关系和社会关系，马克思指出，"个人怎么表现自己的生活，他们自己就是怎样。因此，他们是什么样的，这同他们的生产是一致的——既和他们生产一致，又和他们怎样生产一致"[①]，这说明劳动生产对个人具有决定性作用。

三是劳动和人自身的生产。劳动的目的不应该仅仅停留在物质财富创造上，而应该通过劳动这种感性活动创造和发展人自身，使人在劳动中不断地挖掘潜力、拓展才能、丰富精神。马克思肯定人是自然的一部分，但是更强调人是通过劳动而创造和发展人自身。人在劳动中促使手、语言、人脑等形成，人在改造对象化世界过程中，是有计划地去实现自己的目的，使一开始就存在于主观意识中的东西变成具

[①] 马克思恩格斯全集：第 3 卷 [M]. 北京：人民出版社，1956：24.

体的物质形态的结果。虽然推动人类社会进步的不是人的自我意识，而只是人的生产劳动，但是人的意识与物质生产劳动是相伴而生的。"思想、观念、意识的生产最初是直接与人们的物质活动，与人们的物质交往，与现实生活的语言交织在一起的。观念、思维、人们的精神交往在这里还是人们物质关系的直接产物。"① 意识最初是与人的生命活动紧密联系在一起的，一开始就表现为劳动的直接产物。物质生产劳动发展到一定阶段，意识才获得了自身的相对独立性，最终形成了物质生产劳动和精神生产劳动的分工，出现了相对脱离物质生产劳动而专门从事精神生产劳动的创造活动，人们有意识、有目的地进行精神创造活动成为社会分工的一个特殊领域。也就是说，精神生产劳动包括了两个基本方面，一是人的意识自身的生产，二是人们有意识地进行的精神生产劳动的创造。前者是与人们的物质生产劳动直接联系的，后者是通过物质生产劳动和精神生产劳动的分工，也可以说，是体力劳动和脑力劳动的分工中专门从事精神生产劳动的劳动者所创造的。"分工只是从物质劳动和精神劳动分离的时候起才开始成为真实的分工。从这时候起意识才能真实地这样想象：它是同对现存实践的意识不同的某种其他的东西；它不想象某种真实的东西而能够真实地想象某种东西。从这时候起，意识才能摆脱世界而去构造'纯粹的'理论、神学、哲学、道德等"②，虽然把意识作为具有相对独立性的存在来看待，但意识在任何时候都只能是被意识到了的存在，不能忽视意识的历史起源和现实基础，凡是把理论引向神秘主义的神秘东西，都能在人的实践中以及对实践的理解中得到合理解释，意识的存

---

① 马克思恩格斯全集：第3卷［M］. 北京：人民出版社，1956：29.

② 马克思恩格斯全集：第3卷［M］. 北京：人民出版社，1960：35-36.

在和发展始终离不开人们的物质生产劳动。

（二）异化劳动与资本主义批判

马克思的异化劳动具有批判性，他的批判矛头指向资本主义社会关系和资本主义社会制度，一方面揭示了资本主义私有制条件下劳动的异化现实，另一方面论证了未来共产主义社会的合理性和必然性。共产主义作为对人的异化的扬弃，就必须超越资本主义私有制条件下的异化劳动，共产主义社会下消灭劳动就意味着异化劳动的扬弃和人的异化的超越。

异化是渗透在资本主义社会的普遍现象，马克思在《1844 年经济学哲学手稿》中深刻阐释了人是怎样使自己的劳动外化、异化的，这种外化、异化又是怎样由人的发展的本质引起的。"在实践的、现实的世界中，自我异化只有通过同其他人的实践的、现实的关系才能表现出来。异化借以实现的手段本身就是实践的。"① 劳动作为实践最基本、最普遍的具体形式，正是异化发生的最根本的实践领域。由此，马克思把劳动和异化两个概念联系起来，论证资本主义私有制条件下的异化劳动，强调从资本主义社会现实，特别是经济事实出发，即劳动者的贫困和劳动的异化。

资本主义条件下异化劳动的表现形式，构成马克思异化劳动理论的基本内容。主要表现在以下四个方面：一是劳动者与劳动产品的异化。劳动者与自己创造的劳动产品的关系就是与异己的对象的关系，资本主义条件下劳动者只是一个出卖劳动力的工具，劳动者创造的劳

---

① 马克思恩格斯全集：第 42 卷 [M]. 北京：人民出版社，1956：99.

动产品成为一种异己的存在物。劳动者创造的劳动产品越多，生产的财富越多，生产的规模越大，就越来越受到劳动产品的统治。劳动者创造的劳动产品越多，自己消费得就越少，劳动者创造的劳动产品价值越高，自己就越贫穷。马克思首先揭露出的事实是，资本主义制度造成了劳动者同其创造的劳动产品相对立，受到其创造的劳动产品的奴役和统治，使劳动者的本质力量无法得到体现。二是劳动者同劳动活动的异化。劳动过程成为支配、奴役、压抑劳动者的异化力量，劳动成为资本家为了追逐剩余价值的一种强制活动，劳动者的劳动已经不属于劳动者。资本主义条件下劳动不是自愿的、自为的，而是被迫的、强制的，劳动者一直受到他人统治和压榨，毫无幸福可言，折磨着自身肉体，摧残着个人精神。以至于马克思将这种劳动与瘟疫进行类比，如果可以逃避这种痛苦和压抑状态，劳动者就会像逃避瘟疫一样逃避劳动。马克思再次揭露出的事实是，资本主义制度造成了劳动者同自身的劳动活动相异化，较之劳动产品而言，这种异化状态直接体现在整个劳动活动中。三是劳动者同人的类本质的异化。劳动不再体现人的本质，劳动产品不再是人的本质活动的结果，劳动过程也不再是人的本质活动的体现。人作为一种类存在物，人的类特征应该是一种自由的有意识的活动，劳动活动应当是人展现自己体力和智力的享受。然而劳动却被贬低为一种维持劳动者生存的手段，这种类似动物式的生存方式，使劳动者丧失自由意志和精神。马克思进一步揭露的事实是，劳动者失去了作为类存在物的本质属性，即自由自觉属性，彻底成为资本主义制度下资本家支配和控制的工具。四是劳动者同他人之间的异化。劳动者与他人的关系决定着劳动者与自身的关系，劳动者与自身的关系受到劳动者与他人关系的影响，只有通过劳动者与他人的关系才得到现实和表现。劳动者同人的类本质相异化时，即劳动者同他自身相对立，劳动者必然也同他人相对立。资本主义制度下的资本家与劳动者之间是对立的关系，即剥削与被剥削、压迫与被压迫的状态，这能够从劳动者与劳动产品的异化、劳动者同劳动活动的异化、劳动者同人的类本质的异化中得到充分论证，劳动者与他人的对立状态也正是在这种对立关系中得到体现的。马克思最终得出结论，在资本主义制度下，劳动者与他人之间根本无法形成真正的社会联系。

在马克思的阐述中，无不体现出对资本主义社会的控诉，比如：国民经济学家从你的生命和人性中夺去的一切，全用货币和财富补偿给你；任何一种感觉不仅不再以人的方式存在，而且不再以非人的方式甚至不再以动物的方式存在；在现代，物的关系对个人的统治、偶然性对个性的压抑，已具有最尖锐最普遍的形式；在资产阶级社会里，资本具有独立性和个性，而活动着的个人却没有独立性和个性；我们的一切发现和进步，似乎结果是使物质力量成为有智慧的生命，而人的生命则化为愚钝的物质力量。在生产劳动中被人和物的关系所掩盖的是人和人的关系，作为人的本质化和对象化的劳动，为资本主义社会创造大量的物质财富的同时，导致了人的价值、尊严、精神的失落，使物的世界增值的同时，导致了人的世界的贬值。由此，马克思揭示了资本主义社会劳动异化的根源，即资本主义私有制，"以劳动为原则的国民经济学，在承认人的假象下，毋宁说不过是彻底实现对人的否定而已，因为人本身已不再同私有财产的外在本质处于外部的紧张关系中，而人本身却成了私有财产的紧张的本质。"①

马克思对异化劳动的批判，不是对劳动本身进行的批判，而是对劳动所处的资本主义社会制度、生产关系、社会关系的批判，始终以对人的劳动的肯定性理解为根本前提，也就是说劳动始终作为人的基本生命活动、基本存在方式，体现着人的本质属性。然而，劳动的异化状态产生，是由人在生命过程中特定的、具体的载体——资本主义社会制度、资本主义社会关系所造成的。马克思对异化劳动的批判，针对的是劳动者所处的资本主义社会制度、生产关系、社会关系，充分彰显了马克思资本主义批判的鲜明旗帜。

（三）自由劳动与人的自由全面发展

马克思以消灭异化劳动和私有制为基础，论证人的自由劳动和自由全面发展的必然性。马克思从对粗鄙的共产主义进行批判出发，"共产主义在它的最初的形式中不过是私有财产关系的普遍化和完成……在它看来，物质的直接占有是生活和存在的唯一目的……这种共产主义，由于到处否定人的个性，只不过是私有财产的彻底表现，私有财产就是这种否定……粗鄙的共产主义不过是这种妒忌和这种从想象的最低限度出发的平均化的顶点……对整个文化和文明的世界的抽象否定，向贫穷的、没有需要的人——他不仅没有超越私有财产的水平，甚至从来没有达到私有财产的水平——的非自然的单纯倒退，恰恰证明私有财产的这种扬弃决不是真正的占有"。② 这种对私有财产的积极扬弃，不过是想把自己作为积极的共同体确定下来的私有财产

① 马克思恩格斯全集：第42卷［M］. 北京：人民出版社，1956：113.
② 马克思恩格斯全集：第42卷［M］. 北京：人民出版社，1956：117-118.

的卑鄙性的一种表现形式，不仅没有消灭异化劳动和私有制，反而形成一种普遍的、共同的、平均的、变相的私有财产并推广到一切人身上，这种以纯粹的占有和享受为唯一目的的劳动仍然是异化的。真正意义上的共产主义，应当是人的自我异化的积极扬弃，"共产主义是私有财产即是人的自我异化的积极的扬弃，因而是通过人并且为了人的本质的真正占有；因此，它是人向自身、向社会（即人的）人的复归，这种复归是完全地、自觉地而且保存了以往发展的全部财富的。这种共产主义，作为完成了的自然主义，等于人道主义，而作为完成了的人道主义，等于自然主义，它是人和自然界之间、人和人之间的矛盾的真正解决，是存在和本质、对象化和自我确证、自由和必然、个体和类之间的斗争的真正解决。它是历史之谜的解答，而且知道自己就是这种解答。"① 这段话隐含着一个重要前提，扬弃异化劳动，实现劳动的自由自觉。人的自由劳动，意味着人的本质力量的自由发挥，人的创造需要的充分满足，人与人之间的社会联系的真正实现。共产主义不应当仅仅被理解为直接的、片面的享受和平均的、纯粹的占有，物质需要的满足和财富的占有也不过是人的本质力量得以全面实现和发展的前提条件。

自由劳动的实现意味着扬弃异化劳动，使人以全面的方式占有自己全面的本质，真正意义上实现全面发展和自由解放。马克思明确指出，"人以全面的方式，也就是说，作为一个完整的人，占有自己的全面的本质。人同世界的任何一种人的关系——视觉、听觉、嗅觉、味觉、触觉、思维、直观、感觉、愿望、活动、爱——总之，他的个

---

① 马克思恩格斯全集：第42卷［M］. 北京：人民出版社，1956：120.

体的一切器官……通过自己同对象的关系而占有对象。对人的现实性的占有，它同对象的关系，是人的现实性的实现，是人能动和人的受动，因为按人的含义来理解的受动，是人的一种自我享受"①，社会创造着具有人的本质的、丰富的、全面而深刻的人这一现实，人以全面的方式占有自己的全面的本质，意味着这既是人性的复归，又是人自身的解放。人还在劳动中不断创造出扬弃异己的现实力量，这种力量将会彻底地改变人剥削人的社会关系，人们最终通过自由自觉的劳动实现共产主义。而无产阶级的历史使命就是彻底消灭劳动的异化性质，使劳动转化为自由自觉的活动，"过去一切的革命始终没有触动活动的性质，始终不过是按另外的方式分配这种活动，不过是另一些人中间重新分配劳动，而共产主义革命则反对活动的旧有性质，消灭劳动，并消灭任何阶级的统治以及这些阶级本身"。② 这里所说的消灭劳动，就是消灭劳动的异化性质，使劳动具有自由自觉性。

　　自由劳动作为一种与异化劳动相对立的生命状态，如果异化劳动意味着人的本质力量的丧失，那么自由劳动就意味着人的本质力量的实现。这种对人的本质力量的真正占有，马克思写下了一段宣言式的论述："在共产主义社会高级阶段上，迫使人们奴隶般地服从社会分工的情形已经消失，从而脑力劳动和体力劳动的对立也随之消失之后；在劳动已经不仅仅是谋生的手段，而是本身成了生活的第一需要之后；在随着个人的全面发展生产力也增长起来，而集体财富一切源泉都充分涌流之后——只有在那个时候，才能完全超出资产阶级法权

---

① 马克思恩格斯全集：第 42 卷 [M]. 北京：人民出版社，1956：124.
② 马克思恩格斯全集：第 3 卷 [M]. 北京：人民出版社，1956：76-78.

的狭隘眼界，社会才能在自己的旗帜上写上：各尽所需，按需分配!"① 简而言之，自由劳动意味着回归劳动本身，回归人本身，实现劳动的自由自觉性。

（四）教育与生产劳动相结合

通过对劳动范畴的逻辑展开，马克思、恩格斯提出教育与生产劳动相结合的重要论述，强调教育与生产劳动相结合存在的合法性。历史唯物主义认为，教育是一种历史性的存在，是一个社会化的过程。要真正认识和理解教育，就要找到教育最深层的本源。正是从人这一主体出发，才真正地理解和认识教育，并且从劳动这一人的本质活动出发，明确提出了教育与生产劳动相结合的理论主张。

在资本主义条件下，马克思、恩格斯提出教育与生产劳动相结合的观点，认为劳动是人的全面发展的重要方面，必须要把教育与生产劳动相结合，是实现无产阶级革命和改造资本主义制度的必然要求。马克思将教育概括为，使儿童和青年了解生产各个过程的基本原理，同时使他们获得适用于各种生产的最简单的工具和技能，教育应当是一种服务于现实生产的实践活动，而不是资本主义倡导的虚假的理性教育，虚幻的宗教教育。在马克思、恩格斯之前，英国空想社会主义思想家欧文曾提出资本主义教育的匮乏导致工人劳动问题的产生，因而将资产阶级工业革命作为一个佐证教育与生产劳动相结合理论的现实机遇。这就是欧文所说的，完善的新人应该是在劳动之中和为了劳动而培养起来的，人在劳动实践中能够实现全面发展，马克思对此给

---

① 马克思恩格斯全集：第 19 卷 [M]. 北京：人民出版社，1956：23.

予高度的赞赏和肯定。因而，马克思也从工厂制度中萌发未来教育的新形式，即教育与生产劳动相结合。

　　教育与生产劳动相结合的重要思想产生于资本主义时代，立足于资本主义社会的物质生产劳动过程。通过考察人的劳动与人的主体性、自由性、自觉性的丧失，强烈批判资本主义教育的伪善性、虚假性，明确强调教育与生产劳动相结合对确证人的本质属性和改造现代社会的重要意义。马克思、恩格斯立足于对资本主义社会生产、劳动分工、基本矛盾等批判性分析，认为教育与生产劳动相结合具有必然性、可能性和重要性，具有一定的社会意义和教育作用。"生产劳动同智育和体育相结合，它不仅是提高社会生产的一种方法，而且是造就全面发展的人的唯一方法"，"尽管工厂法的教育条款整个说来是微不足道的，但还是把初等教育宣布为劳动的强制性条件。这一条款的成就第一次证明了智育和体育同体力劳动相结合的可能性，从而也证明了体力劳动同智育和体育相结合的可能性"①，这阐明了教育必须与生产劳动相结合的必然性和可能性，生产劳动和教育的早期结合是改造现代社会最强有力的手段之一，具有极其重要的教育意义和社会价值。《英国工人阶级状况》中较为直观地描述了工人阶级的悲惨生活，"英国社会把工人置于这样一种境地：他们既不能保持健康，也不能活得长久，它就这样不停地一点一点地毁坏着工人的身体，过早地把他们送进坟墓……把孩子们应该专门用在身体和精神的发育上的时间牺牲在冷酷的资产阶级的贪婪上，把孩子们从学校和新鲜空气里拖出来，让厂主老爷们从他们身上榨取利润，这无论如何是不可饶恕的"，

---

① 马克思恩格斯全集：第23卷［M］. 北京：人民出版社，1956：529-530.

"它给工人受的教育只有合乎它本身利益的那一点点"。① 只有教育与生产劳动相结合才能培养出既有无产阶级思想觉悟，又有科学文化知识，还懂现代社会技术的新人，才能真正地改造现代社会。

在教育与生产劳动相结合的具体论述上，"现代的学校教育和教学，要同现代机器大工业的生产劳动相结合。所有参加机器大工业生产的劳动者都必须接受教育，学校中的受教育者也应当参加一定的生产劳动"，"理论与实践结合的学校教育的核心之一是实施综合技术教育，使智育、体育和生产劳动结合起来，使受教育者掌握现代社会必需的综合技术素养，而且使他们的情操受到陶冶，促进人的智力、体力和精神的和谐发展"，"按年龄和能力的不同，参加适度的体力劳动，能增进身体健康，提高教学效果。这在当时，既抵制了资本主义的生产方式对工人体质和精神的摧残，又为工人阶级及其子女争取到了受教育的权利"②，等等，可以发现，虽然教育与生产劳动相结合在资本主义制度下就已经出现，但是马克思主义教育与生产劳动相结合的内容和方法、目的和性质都与资本主义下的教育与生产劳动相结合截然相反。教育与生产劳动相结合作为一种手段，在资本主义条件下是异化的、非人道的、非自觉的，正如列宁所说的，资产阶级的教育是为了培养为主人创造利润又不干扰主人安宁的奴隶。资本家的唯一目的就是为了追求高额的利润，工人所受的教育只有合乎它本身利益的那一点点。而马克思主义教育与生产劳动相结合，是为了实现人的自由全面发展，是为了推动社会的进步和社会主义经济的更大发展。

---

① 马克思恩格斯全集：第 2 卷 [M]. 北京：人民出版社，1956：380-436.
② 刘世峰. 中国教劳结合研究 [M]. 北京：教育科学出版社，1996：10.

在社会主义社会中，劳动和生产教育的结合，可以保证技术训练和科学教育的实践基础，而这个实践基础不仅能够极大地提高劳动生产率，还可以培养适应社会发展需要的全面发展的人。

概括来说，马克思、恩格斯的教育与生产劳动相结合这一重要思想，一是社会生产力的加速器，二是无产阶级的抗生素，三是人的全面发展的动力源。教育与生产劳动的结合作为一种特殊的实践形式，既体现为一种生产力，又体现为一种上层建筑，总而言之，蕴含着积极的、未来的思想力量。

二、劳动者与社会主义建设：列宁的劳动思想

列宁高度重视劳动者，认为劳动者在经济落后的社会主义国家建设过程中发挥着巨大作用，形成了一系列丰富的关于劳动者的保护、教育和利用以及共产主义劳动的重要思想，是研究劳动观的重要理论基础。

（一）劳动者的保护、教育和使用

列宁重视劳动者掌握文化教育，认为在劳动者的经济状况和生活水平得到一定改善后，文化教育仍然是劳动者的短板，要战胜资本家的一切反抗，不仅是军事上的和政治上的反抗，还是最深刻、最强烈的思想上的反抗，在解决了世界上最伟大的政治变革任务以后，又面临着所谓"小事情"的文化任务，摆在面前的任务只有通过长期的教育才能解决。

在列宁的倡导下，1920年全俄扫除文盲委员会成立，1921年又更名为全俄扫除文盲特设委员会。列宁指出："当我们有文盲的时候是

不可能实现电气化的。我们的委员会还将努力扫除文盲。同过去相比，委员会已经做了很多工作，但是同需要相比，那就做得很少。劳动人民不但要识字，还要有文化，有觉悟，有学识；必须使大多数农民都能明确地了解摆在我们面前的任务。"① 要扫除文盲，还要对劳动者进行文化知识和其他各种专门知识的传授和教育。

列宁批判资本主义旧有的、落后的教育制度，提出从根本上改造资本主义教育制度的主张。在他看来，资产阶级的教育目的是培养对资产阶级有用的奴隶。如果教育工作同组织劳动的主要任务脱节，组织国民劳动的实际任务同教育工作没有关系，那就不利于社会主义建设，不利于满足劳动者的真正需要，只有从根本上改变资本主义教育制度的性质、目的和方法，才有可能培养出社会主义的新人。列宁继承了马克思、恩格斯的教育与生产劳动相结合的思想，强调教育与生产劳动相结合是人的普遍和全面发展的条件，而不是像俄国民粹主义者尤沙柯夫所主张的：富人进一种学校，穷人进另一种学校，有钱就缴学费，没钱就做工。

"没有年轻一代的教育和生产劳动的结合，未来社会的理想是不能想象的：无论是脱离生产劳动的教学和教育，或是没有同时进行教学和教育的生产劳动，都不能达到现代技术水平和科学知识现状所要求的高度"②，这正是列宁基于对教育与生产劳动相结合的重要性和必要性产生的深刻认识，如果学校的教学和教育目的、方法和内容不能反映社会生产所需要的现代技术水平和科学知识高度，就不能培养出适合现代技术水平和科学知识高度的全面发展的新人。科学技术和科

---

① 列宁全集：第 40 卷 [M]. 北京：人民出版社，1990：158.
② 列宁全集：第 2 卷 [M]. 北京：人民出版社，1990：461.

学知识作为教育同生产劳动相结合的重要基础，现代生产本身就是科学技术和科学知识同生产劳动过程相结合的产物。这就要求劳动者必须掌握一定的科学技术知识，在现代生产劳动过程中充分发挥科学技术和科学知识的巨大推动作用。因此，教育与生产劳动相结合就是把科学技术和科学知识同现代生产劳动相结合，成为培养、教育和塑造现代劳动者的重要手段。除了教育与生产劳动相结合，教育还要与实际生活相结合，不能只限于学校以内，而与实际生活脱离，实际生活正是生产劳动得以充分展现的空间，因而这两个结合从根本上是一致的。

除了重视劳动者的教育外，列宁还重视劳动者的保护和使用。列宁重视劳动者体力的保护，以此发挥劳动者在经济社会发展过程中发挥的巨大作用。在保护、改善并增强劳动者的体力过程中，列宁重视粮食问题，目的为了解决劳动者的温饱问题，从根本上恢复和发展俄国经济。经济真正的基础是粮食，有了这些粮食，就能着手恢复国民经济。此外，列宁还重视投资项目，如全国电气化，目的也是恢复和增强劳动者的体质，在一定程度上消灭贫困和疾病。在电气化的基础上组织工业生产，就能消除穷乡僻壤那种落后、愚昧、粗野、贫困、疾病丛生的状态。还有，列宁明确提出保护和增强工人的健康，特别是保护和增强妇女的健康，比如禁止在对妇女身体有害的部门使用女工；禁止妇女做夜工；女工在产前产后各给假 8 周，产假期间照发工资，免收医药费；凡有女工的工厂和其他企业均应设立婴儿和幼儿托儿所，并设立哺乳室；等等。总而言之，列宁站在工人阶级和劳动者的立场上，为保护劳动者的健康和体力采取了诸如此类行之有效的措施。

　　列宁还重视劳动者的合理使用，发挥了马克思、恩格斯关于资本主义条件下劳动力资源的闲置、浪费方面的严重弊端的思想，进一步阐明了增加劳动量以及对劳动者合理使用能够极大促进经济巨大发展的思想。在他看来，生气勃勃的社会主义是由人民群众自己创立的，吸引大家参加劳动是社会主义的一个最重要和最困难的问题。为了合理使用劳动者，吸引更多的人参加劳动，充分激发出劳动者的参与性和创造性，列宁提出了按劳分配、实行奖励、吸收妇女等多种举措。在按劳分配上，列宁主张多劳多得，少劳少得，不劳不得，充分调动劳动者参加劳动的积极性和主动性。列宁还关心劳动者的个人物质利益，除了精神上的宣传工作外，还给予适当的物质鼓励，实行奖励制度，这在社会建设中是一项极有重要意义的制度，国家应该根据每个人所进行的有益于社会的劳动贡献大小给予物质鼓励，使觉悟的工人感觉到自己不仅是自己工厂的主人，还是国家的代表，感受到自己责任的重大。只有这样，才能使劳动者克服个人主义自私自利的观念。列宁还鼓励妇女不要禁锢在洗衣、做饭、照看子女和家庭这些琐事上，而应该走出自己的小家庭，加入社会主义的大家庭中来，和男性一起参与生产劳动，争取平等的社会地位，"如果不吸引妇女参加公务、参加民兵、参加政治生活，如果不使妇女走出使她们愚钝的家庭圈子和厨房圈子，那就不能保证真正的自由，甚至不能建立民主，更不用说建立社会主义了"。①

（二）共产主义劳动

　　列宁的共产主义概念是广义上的，泛指包括社会主义在内的整个

---

① 列宁全集：第29卷［M］. 北京：人民出版社，1990：42.

过渡和发展时期,不仅仅是指共产主义的最高社会形态。列宁在《从破坏历来的旧制度到创造新制度》中明确指出,从比较狭隘和比较严格的意义上说,共产主义劳动是一种为社会造福的无报酬的劳动,这种劳动是自愿的劳动,是无定额的劳动,是不指望报酬、没有报酬条件的劳动,是根据为公共利益劳动的习惯、根据必须为公共利益劳动的自觉要求来进行的劳动,这种劳动是健康的身体的自然需要。

共产主义星期六义务劳动影响深远,列宁认为这是共产主义劳动"一点一滴"的具体方式。共产主义星期六义务劳动是俄国工人阶级对俄共中共中央发出的"用革命精神从事工作"的号召的响应。1919年5月10日星期六晚上,莫斯科喀山铁路的工人举行了第一次群众性的共产主义星期六义务劳动。不久,俄国各城市的其他企业中也开始陆续实行共产主义星期六义务劳动。列宁专门对此给予高度评价,认为这是比推翻资产阶级更困难、更重大、更深刻、更有决定意义的变革的开端,共产主义星期六义务劳动意义在于"正在形成和开始产生一种崭新的、与一切旧有的资本主义准则相反的东西,一种比战胜了资本主义的社会主义社会更高的东西的,即大规模组织起来的以满足全国需要的无报酬的劳动"①。

无产阶级的优秀分子表现出来的共产主义劳动态度,列宁认为对全体劳动人民起着巨大的榜样作用,在无产阶级国家政权的支持下,共产主义的幼芽不会夭折,会茁壮地成长发展为完全的共产主义。号召无产阶级的优秀分子,特别是领导干部,在生产劳动中起模范带头作用,用共产主义星期六义务劳动等实际行动形成榜样力量,证明自

① 列宁全集:第38卷 [M]. 北京:人民出版社,1990:39.

己能为社会、为全体劳动群众无偿劳动。正是在社会主义阶段提倡共产主义星期六义务劳动，才能在不断提高社会主义劳动生产率的基础上，使得共产主义劳动态度的幼芽不断生长、壮大。

列宁一再强调，社会主义社会中广义的共产主义劳动的主要表现形式就是社会主义劳动竞赛。列宁在《怎么组织竞赛》一文中指出，社会主义破天荒第一次造成真正广泛地、真正大规模地运用竞赛的可能，把真正大多数劳动者吸引到这样一个工作舞台上来，在这个舞台上，他们能够大显身手，施展自己的本领，发挥自己的才能。当社会主义政府执政时，任务就是要组织竞赛。在一定程度上，这种竞赛是社会主义社会特有的，也是建设社会主义社会所必需的。这种竞赛与资本主义的自由竞争有着本质区别，因为参加竞赛的各方面根本利益和目的是一致的。正如恩格斯所说："共产主义的组织因利用目前被浪费的劳动力而表现出的优越性还不是最重要的。把个别的力量联合成社会的集体力量，以从前彼此对立的力量的这种集中为基础来安排一切，才是劳动力的最大的节省。"① 社会主义竞赛既是迅速提高劳动生产率的有效方法，又是劳动者发挥主动性和首创精神的重要形式。

共产主义劳动态度是与共产主义劳动密切相关的范畴，根据列宁对共产主义劳动的理解，共产主义劳动态度就是把公有制下一切合乎社会公德的劳动态度集中表述，而不仅仅是共产主义社会才会普遍存在的社会现象。他所赞赏并推崇的共产主义劳动态度，不仅是自愿的、忘我的、不计报酬的劳动态度，还是"多做工作，少拿报酬""人人为我，我为人人"和"从关心自己利益出发去关心社会生产"的劳动

---

① 马克思恩格斯全集：第 2 卷 [M]. 北京：人民出版社，1956：612.

态度。这种共产主义劳动态度，就是一种与社会整体利益相关的、为整个社会造福的劳动态度，充分体现出劳动者和社会之间利益的真正结合。当自觉地、尽其所能地、不计报酬地为社会利益而劳动，成为全体劳动者自觉的要求和习惯时，严格意义上的共产主义劳动态度就成为整个社会的普遍现象。

列宁认为，培养共产主义劳动态度，需要具备一定的经济社会条件和群众高度的社会主义觉悟。他在向青年们提出共产主义的任务时指出，在任何乡村和任何城市里，每天都能实际解决共同劳动中的某种任务，哪怕是最微小的、最平常的任务。要保证共产主义建设成功，就要看共产主义竞赛开展得怎样，就要看青年组织自己的劳动的本领怎样。共产主义劳动态度是通过人们在日常的、微小的劳动过程中开展各种劳动竞赛逐步培养起来的，而不是靠一些空洞的政治口号或道德说教。

学界将共产主义劳动态度与共产主义劳动精神一并论述，从传统意义上讲，"把精神作风当作'态度'囊括一切的内涵。应该承认劳动态度也在直接性上往往表现为某种精神作风，但精神作风不能作为劳动态度的基本特征。因为人总是先'为了什么'，然后再考虑'怎样'去从事劳动"。[①] 人的劳动是由作为动机的物质因素发动的，人在劳动中是有一定的物质要求的。就共产主义劳动态度的产生与发展，物质要求比精神作风更属于基本的因素，这决定了精神作风的具体表现形态和发扬程度。在一定的物质要求发起的劳动中，才会反映出劳动者本人为实现自己的物质要求所需要的、相适应的精神状态。而对

---

① 罗若山. 坚持和发展列宁关于共产主义劳动态度的思想 [J]. 社会科学, 1987: 11.

劳动者物质要求的合理满足，又能促使劳动者继续发扬相应的精神作风。而且随着社会生产力的发展和对劳动者物质要求的满足，精神作风对实现个人物质要求和社会发展需要发挥着越来越强大的能动作用。因此，列宁所说的社会主义和共产主义建设，要努力地培养共产主义劳动态度，发扬共产主义劳动精神。

三、劳动光荣与劳动者伟大：我国传统劳动思想和马克思主义劳动思想中国化

我国传统劳动思想和马克思主义劳动思想中国化是深刻理解劳动光荣、劳动者伟大的重要文化基因和精神血脉，充分体现着劳动观的一脉相承、一以贯之，是马克思主义劳动真精神与中国传统的具体的劳动实践的结合。

（一）我国传统劳动思想

习近平强调，中国传统文化博大精深，学习和掌握思想精华对树立正确的世界观、人生观、价值观很有益处。中华优秀传统文化是中华民族的基因，潜移默化地影响着人们的思想、心理、行为等方式。社会主义劳动观始终离不开中华民族热爱劳动、辛勤劳动的优秀传统劳动思想滋养。因此，研究劳动观就要批判地继承我国传统文化中的劳动思想，合理地汲取我国传统劳动观所蕴含的思想精华。

"一般来说，神话乃是自然现象，对自然的斗争，以及社会生活在广大的艺术概括中的反映"①，劳动早在神话传说中就已经深入人

---

① 袁珂. 中国古代神话 [M]. 北京：华夏出版社，2004：94.

心。劳动通过超自然的形象化、人格化的神话形象和幻想，表现了古代人们对理想的追求和对自然的抗争。女娲补天、愚公移山、精卫填海等耳熟能详的神话传说，都是以坚韧顽强的劳动者形象展现在我们面前；神农、伏羲、燧人等敢为人先的远古先祖，都是在劳动的过程中发明创造，开创了华夏文明；尧、舜、禹等名扬天下的英雄人物，都是以其劳动业绩和战斗业绩成为部落联盟领袖的。

盘古的神话时代，是一个开天辟地的时代，这是原始人民对自己的生存背景和生活环境所做的想象。而盘古展示出的民族个性，代表了古老的劳动精神，其核心内容就是开拓、奉献。女娲的神话时代，是一个补天和造人的时代，补天是人类生存的基础，造人是人类生命的起源，在一定程度反映出劳动创造世界也创造人本身的神话母题。伏羲的神话时代，是一个开辟文明的时代，科学、文化、艺术、冶金等文明创造，是劳动的存在意义在各方面的体现，伏羲正是劳动者智慧和勇敢的化身。炎帝神农氏的神话时代，是渔猎文明向农耕文明过渡的一个重要时代。没有火的运用，农耕文明就不可能产生，火在农业生产中具有十分特殊的意义，农耕时代的产生改变了人类的生产方式，特别是劳动工具的发明创造与劳动技术的提高，通过制作工具、保存种子、图画水道、制作衣帛等一系列的劳动创造，教会人们如何生产、生活。而到了黄帝轩辕氏的神话时代，征伐四方、治理世界、劳动创造成为核心内容，在衣、食、住、行方面展现出与现代无异的朴素内容，成为改变人类生产、生活方式的顶峰神话时代。特别在劳动创造上，教会人们广泛获取食物、避开风吹日晒、免除步行劳苦等方法，人们的饮食方式彻底告别了茹毛饮血，房屋、衣服、车船等满足了日常生活最基本的需要。尧、舜、禹的神话时代，是中国神话时代中的理想时代，尧、舜、禹以其贤能、勇敢、勤劳的特质成为神性英雄典范，深受劳动者的广泛尊敬。从此，神话逐渐地世俗化、历史化，走进现实的劳动世界。

古籍记载的原始社会的生活、生产、教育是这样的：有巢氏，构木为巢；燧人氏，钻木取火，教民熟食；伏羲氏，做网罟，教民佃渔；神农氏，耕而作陶。劳动主要是通过狩猎、畜牧、编织、手工、捕鱼等方式进行，在一定程度上，神话人物就是劳动者智慧和才能的象征，他们积极投入到生产劳动当中，率先掌握了一些劳动技巧，辛苦制造了许多劳动工具，减轻了人类劳动的痛苦，提高了劳动的生产效率。"上古人民生活、斗争于艰难困苦的条件下，无时无刻不渴望提高生产效率，改善生活，更好地生存、发展。为此，他们不断地发明了各种各样的工具，创造了点点滴滴的经验"①，神话中融入了大量的劳动创造的内容，正是劳动者的劳动能力、认识能力、思维能力的体现。这种原始社会的劳动认识，多是通过语言、口耳相传和实际劳动的模仿得以进行，形式单一，内容简单。凡是在劳动过程中有突出表现的人，成为被人们赞颂的对象，成为被人敬仰的神，被给予了英雄般的赞颂。在这种意义上，也可以说劳动创造了神或英雄，也造就了劳动者本身。"古代人类因为劳动创造了作为劳动模范的神，以此来鼓舞自己的劳动热情，同时又慰藉自己的心灵，而诸神也带领古代人们一道积极劳动，朝着美好的未来而继续努力。实际上，人们通过劳动，把自然界变成了活动的对象，而人类自己则成为自然界的主宰，使人

---

① 刘城淮. 中国上古神话通论［M］. 昆明：云南人民出版社，1992：132.

类自身的价值得到了体现和升华。"① 一方面反映了原始社会某种真实的历史状况，另一方面也寄托了劳动者的一种理想和夙愿。

神话传说源远流长，经历了漫长的劳动实践和劳动认识，劳动开始真正地进入教育层面，并得以争鸣。随着生产力的逐渐发展，私有制开始出现，社会分工也比较明确，畜牧业和农业、农业和手工业、脑力劳动和体力劳动的分工日益形成。夏朝有了学校的雏形，这是因为，夏朝生产力较以往高度发展，脑力劳动和体力劳动相分离，文字的产生为学校的出现提供了现实需要，国家机构也需要专门的教育机构为统治阶级培养专门的人才。夏朝的教育主要是为统治阶级传授生产管理、生活知识和初步的读书能力。自教育始，对生产劳动的重视就微乎其微。而到了商朝，学校教育开始注重读、写、算能力的培养，也注重礼、乐、戎。到了西周，学校教育更以礼、乐、射、御、书、数"六艺"为基本内容，春秋教礼乐，冬夏教诗书。可以看出，学校教育已经没有教授劳动生产的内容。此时的教育早已贵贱有别，贫富有差，教育内容已经完全是重礼乐，否定了实际的社会劳动。受到教育的不从事劳动，反过来，从事劳动的也受不到教育。由此，教育就和劳动彻底分化。社会阶层关系的剧烈变化，社会上出现新的士阶层，他们一般不从事生产，谁给衣食就为谁出力，特别是文人士大夫阶层更是直接脱离物质生产劳动，只从事思想活动，一时间百家争鸣，儒家、墨家、道家等代表人物的思想都不乏与劳动相关的论述。

孔子是儒家学说的奠基者和创始人，代表的是没落奴隶主阶级的

---

① 周艳芳. 中、希神话劳动观 [J]. 赤峰学院学报（哲学社会科学版），2011（6）：120.

思想，在一定程度上也体现了新兴地主阶级的思想。孔子从统治阶级的长远利益出发，而不是从劳动人民的个人利益出发。因此，他将生产劳动排斥在教育活动之外，对体力劳动持否定、消极的态度，将更多的目光停留在修身和治学上。孔子在《述而》中提倡"述而不作"，在《里仁》中提出"君子谋道不谋食，君子忧道不忧贫"，主张"君子喻于义，小人喻于利"。孔子认为，追求修身治学的"君子"与从事劳动生产的"小人"有着不同的职责和境界。他所要培养的治人者的"士"和"君子"，正是通过教育培养出的德才兼备的人才。孔子把"德"与"力""义"与"利"对立起来，充分肯定德性、心智的力量，贬低物质、劳动的力量。孟子作为儒家学派的二号人物，在《孟子·滕文公章句》中"劳心者治人，劳力者治于人"的论断，正是继承和发扬了孔子的劳动思想，严格地区分统治者和被统治的阶级地位，进一步强调体力劳动和脑力劳动、体力劳动者和脑力劳动者的差别与对立。在孔孟思想的支配下，对体力劳动和劳动所得所持有的消极态度，在一定程度上奠定了我国古代传统文化的基调。但是也不乏其他思想家，特别是出身于农民阶级的思想家，对劳动和劳动者有着一定的正面论述。

墨子代表的是来自社会下层的小生产者的利益。《墨子·非乐》主张"今人固与禽兽麋鹿、蜚鸟、贞虫异者也……今人与此异者也，赖其力者生，不赖其力者不生"。人与动物的不同在于人的劳动，只有劳动人才能够生存，这与马克思所提出的人的本质在于劳动、劳动是人类存在和发展的基础的观点是一致的。此外，《墨子·非乐》中还提出"君子不强听治即刑政乱，贱人不强从事即财用不足"，在《七患》中提出"民无仰则君无养，民无食则不可事"，在"强听治"

和"强从事"即统治者的政治活动和生产者的劳动活动之间，墨子更重视后者，肯定人类生存和活动离不开劳动所创造的物质财富。墨子的劳动思想是建立在小生产者的农业经济和自然经济的基础上，那时人作为劳动的主体力量还没有充分发挥和表现出来，小农和生产者在很大程度上不得不屈服于自然力量和社会力量的统治。显然，墨子"以力抗命"的劳动思想缺乏坚实的现实基础。

　　庄子的劳动思想符合他本人的生活状态。他做过管理漆园的小吏，之后一直过着隐居且自由的生活。在一定程度上，庄子所描述的劳动，体现了人的"返本""归真"的自我修养过程，成功塑造了许多下层劳动者形象和自由劳动境界，"只有庄子，以高妙的思辨和诗意的描写，发掘了劳动的积极的、肯定的、创造的一面，使形而下的劳动上升至形而上的和艺术的高度，使卑贱的劳动者上升至得道之人、真人的境界。"[①]《养生主》中说，"始臣之解牛之时，所见无非全牛者。三年之后，未尝见全牛也。方今之时，臣以神遇而不以目视，官知止而神欲行"，庄子认为，整个劳动过程，要以人的内在自然去迎合外在自然，才能达到劳动的最高境界，实现自然与人性的高度统一。《天地》则认为"有机械者必有机事，有机事者必有机心。机心存于胸中，则纯白不备；纯白不备，则神生不定；神生不定者，道之所不载也。吾非不知，羞而不为也"，庄子认为，劳动应该是非功利性的、自然的、原始的，在劳动过程中如果追求功利机巧，就会破坏人心和德性根本。可以看出，庄子对笔下劳动者的劳动姿态和境界有着形而上和艺术的感知。

----

　　① 王江松. 劳动哲学 [M]. 北京：人民出版社，2012：206.

　　虽然儒家思想成为中国封建社会的统治思想，但唯心主义同唯物主义始终并存，发展了唯心主义思想的代表有董仲舒、程朱、王阳明等，发展了唯物主义思想的代表有黄宗羲、顾炎武、颜元等。在漫长的制度化儒学发展中，特别是黄宗羲、顾炎武、颜元等，他们反对理学空谈心性，主张实学经世致用，提倡"实用""实习""实行""实证""实心"，劳动的重要性得以彰显，对劳动的见解别具一格，劳动同教育的结合对修己、安人、治国、平天下起了很大作用。可以说，实学在明清之际达到高潮，成为中国古代思想向近代思想转化的桥梁，劳动的教育争鸣也同时得到突破，开始肯定劳动的教育作用和实践意义。

　　特别是颜元的"格物""习行"思想，"以实学代虚学，以动学代静学，以活学代死学"，对传统劳动观教育思想的转变影响较大。他认为获得知识的途径是"格"，劳动就是"格"的一种重要形式。这里的劳动包括生产劳动、军体运动和社会活动，生产劳动可以促进经济的发展，军体劳动能够增强人民的体魄，社会活动用来提高国家的活力。"昔周公孔子专以艺学教人"，所以"凡为吾徒者，当立志学礼、乐、射、御、书、数及兵、农、钱谷、水、火、工、虞，予虽未能，愿共学焉"，不仅要进行生产劳动知识和技能的教育，还要将这部分内容置于和政治道德教育、文化知识教育同等重要的地位，这凸显出颜元劳动思想的重要特色和较之以往劳动思想的重大突破。颜元自身"平生非力不食"，教导学生要自食其力，"偷安白吃"不劳而获是可耻的，也教导学生要不畏艰难，"甘恶衣粗食，甘艰苦劳动"，以生产劳动为己任，"上自天子下至庶人，都应早夜勤劳"。劳动具有德育的价值，他强调"力行近乎仁"，一方面劳动使人消除邪念，"吾用力农事，不遑食寝，邪妄之念，亦自不起"，另一方面劳动又能克服懒惰，使人勤勉，"人不做事则暇，暇则逆，逆则惰、则疲"。其次，劳动具有智育的价值，劳动能够增强人的智力，"振竦精神，使心常灵活"。再次，劳动具有体育的价值，劳动是重要的养生之道，"养身莫善于习动"，"常动则筋骨竦，气脉舒"。劳动除了对个人的发展有重要作用，更是国家生存和强盛的根基，颜元认为"三皇、五帝、三王、周孔，皆教天下以动之圣人也，皆以动造成世道之圣人也。汉唐袭其动之一二以造其世也"，反之，"晋宋之苟安，佛之空，老之无，周、程、朱、邵之静坐，徒事口笔，总之皆不动也，而人才尽矣，世道沦矣"。在培养"实才实德之士"的目标指引下，颜元冲破传统思想对于劳动的看法，主张"一身动则一身强，一家动则一家强，一国动则一国强，天下动则天下强"，使劳动贯穿于"修身、齐家、治国、平天下"的每个环节，彰显劳动的宏大意义和朴素价值。

作为中国社会基础的劳动者，"他们只能通过两种途径间断性地表达自己的利益、愿望和要求：一是某些出身于劳动者的下层知识分子或虽然出身于官僚地主家庭但同情劳苦大众的中上层知识分子替他们仗义执言；二是在历次的农民起义中公开打出自己的旗帜"。[①] 他们的劳动思想是对中国社会新秩序、新制度的贡献，指向人类美好社会的理想愿景。

我国古代理想社会构建中产生的劳动思想，大多数是在没有成熟的社会历史条件和经济基础脱离历史和现实的空想社会主义，体现出一种不切实际的幻想，没有实现的可行性。与此同时，暴力手段本身

---

① 王江松. 劳动哲学 [M]. 北京：人民出版社，2012：215.

并不能够保证被剥削者、被压迫者、被奴役者创造出一种更先进、更人道、更合理的社会制度，劳动者要获得真正的解放，要以一种本质上更高级的、更公平的、更能够满足人的本质诉求的制度取代剥削压迫奴役制度。只有这样，才能打破社会构建的历史怪圈。

(二) 马克思主义劳动思想中国化

马克思主义劳动思想中国化过程中，毛泽东、邓小平、江泽民、胡锦涛、习近平等国家领导人在不同的历史发展阶段充分结合中国具体国情提出了一系列劳动新思想，其劳动思想闪耀着马克思主义的真精神。

毛泽东的劳动思想是在继承和发扬马克思、恩格斯、列宁劳动思想的基础上产生的，是马克思主义中国化过程中的重大劳动理论成果，充分结合中国具体国情，体现出劳动人民真正成为国家的主人，劳动成为无上荣光的事业的重大历史变化。毛泽东的劳动思想，彰显着中国共产党的优良传统和政治优势，通过密切联系劳动人民，广泛动员劳动群众，使劳动者认识到劳动的强大力量，更重要的是，认识到自身作为一名劳动者的重要价值。

毛泽东强调知识分子、领导干部培养正确的劳动观念。第一，重视知识分子劳动教育。毛泽东认为，知识分子重塑劳动观念，积极参与生产劳动，是自身成长成才的基本要求。早在1942年，他在延安文艺座谈会上的讲话中以自己为例，阐述了作为知识分子在劳动认识上的重大转变：在学校养成了一种学生习惯，做一点劳动的事觉得不像样子，觉得世界上干净的人只有知识分子，革命后同工人农民和革命军的战士在一起后，从根本上改变了资产阶级学校所教的那种资产阶级和小资产阶级的感情。1957年2月，他在《关于正确处理人民内部矛盾的问题》一文中指出，许多同志不善于团结知识分子，不尊重他们的劳动。在3月召开的中国共产党全国宣传工作会议上，他再次强调知识分子是脑力劳动者。第二，要求领导干部重视劳动观念。领导干部也是劳动者，应当参与劳动，这对提升自身素质，密切同劳动人民的联系具有重要作用。1958年，毛泽东在《干部要以普通劳动者的姿态出现》的报告中指出，干部以普通劳动者的姿态出现，是一种高级趣味，是高尚的共产主义精神，通过参加集体生产劳动，同劳动人民保持最广泛的、经常的、密切的联系，是社会主义制度下一件带根本性的大事。第三，强调劳动英雄、劳动模范的引领示范。1943年11月，毛泽东在中共中央招待陕甘宁边区劳动英雄大会上指出，从农民群众中、工厂中、部队中、机关学校中选举出来的男女劳动英雄，以及在生产中的模范工作者应当组织起来，充分肯定高级干部会议的方针，把群众组织起来成为一支劳动大军。1944年12月，他在《对英雄模范勤加教育》一文中指出，凡当选的英雄模范，须勤加教育，力戒骄傲，培养成为永久模范人物。

毛泽东强调爱劳动是一项重要的政治教育任务。自新中国成立初始，爱劳动就被确立为全体国民应当遵守的社会公德。1949年9月29日，中国人民政治协商会议第一届全体会议通过《中国人民政治协商会议共同纲领》，提倡爱祖国、爱人民、爱劳动、爱科学、爱护公共财物为中华人民共和国全体国民的公德。毛泽东为《新华月报》创刊号的题词中再次强调，爱祖国、爱人民、爱劳动、爱护公共财产为全体国民的公德。社会主义制度完全建立后，1957年2月，毛泽东在《关于正确处理人民内部矛盾的问题》一文中指出，教育方针应该使受教育者在德育、智育、体育几方面都得到发展，成为有社会主义觉悟的有文化的劳动者，社会主义制度的建立开辟了一条到达理想境界的道路，而理想境界的实现还要靠辛勤劳动。

毛泽东强调教育与生产劳动相结合。相较马克思、恩格斯建立在资本主义条件下的教育与生产劳动相结合的思想，以及相较列宁根植于社会主义建设基础上的教育与生产劳动相结合的思想，毛泽东的教育与生产劳动相结合的思想充分体现出教育与生产劳动的基本原理和中国具体实际的有力结合。早在 1943 年 1 月，在《中华苏维埃共和国中央执行委员会与人民委员会对第二次全国苏维埃大会的报告》中，毛泽东指出苏维埃文化教育的总方针在于以共产主义的精神来教育广大劳苦民众，在于使文化教育为革命战争与阶级斗争服务，在于使教育与劳动联系起来。特别是 1958 年 8 月，毛泽东授意时任中宣部部长的陆定一作《教育必须与生产劳动相结合》一文，经他亲自改订后刊发。当时全国学校实行勤工俭学，开始把普通学校教育同生产劳动结合起来，打破了普通学校长期以来轻视体力劳动的旧传统，改变了学校的风气，也对社会风气发生了很好的影响，推动了教育事业的迅速发展。

教育与生产劳动相结合是为工人阶级的政治服务。教育与生产劳动相结合，是社会主义革命、社会主义建设所需要的，是建设共产主义社会的远大目标所需要的，是发展教育事业所需要的。中国共产党的教育方针是教育为工人阶级的政治服务，教育与生产劳动相结合，教育必须由共产党领导；资产阶级的教育方针是由资产阶级的政治家领导的，为资产阶级的政治服务的，所提出的"教育由专家领导""为教育而教育"等虚伪主张，是为了掩盖资产阶级专政的事实。特别是"劳心与劳力分离"的主张，掩盖了教育的本质，认为教育是读书愈多的人就愈有知识，有书本知识的人就高人一等，至于生产劳动，尤其是体力劳动和体力劳动者，是卑贱的；或者是认为，教育即是生活，生活即是教育，既不能把生活理解为阶级斗争和生产斗争的实践，又不强调理论的重要性。资产阶级这两种观点从根本上忽视了人和教育的阶级性，教育与生产劳动相结合是不可能脱离阶级而存在的，只有坚持无产阶级属性，才能正确看待生产劳动的重要意义，正确认识体力劳动和体力劳动者的重要地位。教育要把握好为政治服务、与生产劳动结合、由党来领导这三个重要方面，如果要脱离生产劳动，就必然在一定程度上忽视政治和忽视党的领导，脱离我国的实际。

教育与生产劳动相结合是为了培养全面发展的人。教育工作往往存在"什么是全面发展"的争论和分歧。资产阶级主张把全面发展片面地理解为使学生具有广博的书本知识，同时却既不主张学生学习政治，又不主张学生参加生产劳动，这把全面发展庸俗化。而无产阶级所主张的全面发展，包含着这样一个根本内容，就是成为多面手，掌握比较全面的知识，能够根据社会需要或自身爱好，"轮流从一个生产部门转到另一个生产部门"。培养有社会主义觉悟的有文化的劳动者，既要懂政治，又要有文化，既能从事脑力劳动，又能从事体力劳动，培养全面发展的人类的唯一方法，是教育为无产阶级的政治服务，教育与生产劳动相结合。

教育与生产劳动相结合要强调脑力劳动与体力劳动的结合。教育不应该向着劳心与劳力分离的方向走，而应该向着脑力劳动与体力劳动相结合、教育与生产劳动相结合的方向走，这就要求树立正确的劳动观，使劳心与劳力不再以对立状态而存在，而是相互结合、相互成就。目前仍存在劳心与劳力，脑力劳动与体力劳动相对立的困境，这是一个传统的遗留问题，必将经历一个长期的观念斗争。劳心与劳力、脑力劳动与体力劳动的关系，仍然是教育与生产劳动相结合的重中之重。

教育与生产劳动相结合是不可移易的，这是毛泽东在审阅《教育必须与生产劳动相结合》时做出的批示。1958 年 9 月，他在第十五次最高国务会议上指出：几千年来，都是教育脱离劳动，现在要教育劳动相结合，这是一个基本原则。社会主义国家，教育必须与劳动相结合。12 月，毛泽东《在中共八届六中全会上的讲话提纲》中再次强调：一九五八年改革了教育制度，实现了教育与劳动相结合，这是一件大事。

毛泽东的劳动思想，特别是教育与生产劳动相结合的重要思想，是在继承和发扬马克思列宁主义的劳动思想基础上的创新和发展，对于中国社会主义事业的开创和建设起到重要的促进和推动作用。

邓小平的劳动思想是对毛泽东社会主义建设劳动思想的创新和发展，为中国特色社会主义劳动思想发挥着奠基、开创和指导作用。在新的历史条件下，邓小平的劳动思想以科技、知识、人才为主题，充分结合中国实践的时代特征，在尊重劳动、尊重科技、尊重知识、尊重人才的基础上，充分发挥科技进步、知识创新和人才优势，提高劳动者素质，创新劳动形式，更新劳动观念，真正实现全体劳动人民的共同富裕，让所有劳动者过上最美好最幸福的生活。

邓小平强调尊重知识、尊重人才、尊重劳动、尊重脑力劳动者。尊重劳动是尊重知识、尊重人才的根基，知识、人才优势的发挥离不开劳动这一基石，不能离开劳动去讲知识、人才和创造。1977 年 5

月，邓小平在《尊重知识、尊重人才》一文中指出，"一定要在党内造成一种空气：尊重知识，尊重人才。要反对不尊重知识分子的错误思想。不论脑力劳动，体力劳动，都是劳动。从事脑力劳动的人也是劳动者。将来，脑力劳动和体力劳动更分不开来。发达的资本主义国家有许多工人的工作就是按电钮，一站好几个小时，这既是紧张的、聚精会神的脑力劳动，也是辛苦的体力劳动。要尊重知识，尊重从事脑力劳动的人，要承认这些人是劳动者"。① 虽然没有直接提出尊重劳动，但邓小平所提出的"尊重知识、尊重人才"的重要论断，已然是围绕着劳动进行展开的，在毛泽东的"知识分子是脑力劳动者"的论断基础上，再次强调尊重脑力劳动和脑力劳动者。1977年8月，邓小平在《关于科学和教育工作的几点意见》中强调，要尊重劳动、珍视劳动，尊重人才、珍视人才。邓小平认识到劳动和人才对科学和教育工作的重要意义，直接提出尊重劳动的重要论断，这是对尊重知识、尊重人才的深度捕捉和高度凝练，尊重人才的根本就是尊重劳动，具体来说就是尊重脑力劳动，尊重脑力劳动者。1978年3月，邓小平在全国科学大会开幕式上的讲话中指出："承认科学技术是生产力，就连带要答复一个问题：怎么看待科学研究这种脑力劳动？科学技术正在成为越来越重要的生产力，那么，从事科学技术的人是不是劳动者呢？"② 既然承认科学技术是生产力，那就要承认从事科学技术的人是劳动者，是脑力劳动者，是不容小觑的劳动力量。在社会主义条件下，脑力劳动者与体力劳动者只是社会分工不同，两者都是社会主义社会的劳动者。

---

① 邓小平文选：第2卷 [M]. 北京：人民出版社，1994：41.
② 邓小平文选：第2卷 [M]. 北京：人民出版社，1994：88.

邓小平重视科学技术在劳动中的重要作用。尊重劳动,尊重脑力劳动者,就必须重视科学技术。改革开放以来,邓小平多次论述"科学技术是第一生产力"的重要思想。早在 1975 年 9 月,他在听取《关于科技工作的几个问题(汇报提纲)》时强调,科学技术叫生产力,科技人员就是劳动者。1977 年 5 月,他在《尊重知识、尊重人才》一文开篇指出,要实现现代化,关键是科学技术要能上去。发展科学技术,不抓教育不行。特别是 1978 年 3 月,他在全国科学大会开幕式上强调,随着现代科学技术的发展,大量繁重的体力劳动将逐渐被机器所代替,直接从事生产的劳动者,体力劳动会不断减少,脑力劳动会不断增加。科学技术作为新的生产力,脑力劳动的增加将会成为一个势不可挡的发展趋势。科学技术使大量繁重的体力劳动减少,使直接从事生产的体力劳动者减少。要重视脑力劳动和脑力劳动者的重要地位。正确认识科学技术是生产力,正确认识为社会主义服务的脑力劳动者是劳动人民的一部分,对迅速发展科学事业有极其密切的关系。劳动者只有具备较高的科学文化水平,丰富的生产经验,先进的劳动技能,才能在现代化的生产中发挥更大的作用,必将在生产中创造出比资本主义更高的劳动生产率。因此,要重视科学技术在经济发展的重要地位,正确认识科学技术对脑力劳动和脑力劳动者的重要作用,在新的历史条件下更新传统的劳动观念,改变传统的劳动方式,肯定科学技术的价值所在。

邓小平主张按劳分配的社会主义原则。1977 年 8 月,他在《关于科学和教育工作的几点意见》中指出,讲按劳分配,无非是多劳多得,少劳少得,不劳不得。按劳分配作为社会主义分配的基本原则,树立科学的劳动观念,首先就要坚持按劳分配的社会主义原则。1978

年 3 月，在《坚持按劳分配原则》一文中，邓小平指出要坚持按劳分配的社会主义原则，按劳分配就是按照劳动的数量和质量进行分配。1980 年 1 月，他在《目前的形势和任务》一文中指出，提倡按劳分配，对有特别贡献的个人和单位给予精神奖励和物质奖励，也提倡一部分人和一部分地方由于多劳多得，先富裕起来。因此，按劳分配在具体实施上，要充分考量劳动好坏、技术高低、贡献大小、态度优劣等多个方面，为社会主义劳动得好、贡献得大的劳动者就应该多分配，多给予物质和精神奖励。也要充分肯定按照劳动不同，一部分人和一部分地区先富起来，一部分人和一部分地区后富起来，先富带后富，这是符合按劳分配的社会主义原则的。1980 年 8 月，邓小平在中共中央政治局扩大会议上明确强调："我们提倡按劳分配，承认物质利益，是要为全体人民的物质利益奋斗。每个人都应该有他一定的物质利益，但是这绝不是提倡各人抛开国家、集体和别人，专门为自己的物质利益而奋斗，绝不是提倡各人都向'钱'看。要是那样，社会主义和资本主义还有什么区别？"① 他所说的按劳分配是基于社会主义原则的按劳分配，必然要将国家利益、集体利益和个人利益结合起来，一切有损国家利益、集体利益的劳动都不是社会主义劳动，不是为社会主义做贡献。

邓小平重视培养爱劳动的良好风气。1977 年 8 月，他在《关于科学和教育工作的几点意见》中提出，学校要培养好的风气，要有爱劳动、守纪律、求进步等好风气、好习惯。强调学校教育中要重视爱劳动教育，爱劳动关系到良好风气的营造和良好习惯的塑造。特别是

---

① 邓小平文选：第 2 卷［M］. 北京：人民出版社，1994：337.

1978 年 4 月，他在全国教育工作会议指出，广大青少年爱祖国、爱人民、爱劳动、爱科学等等优秀品质，树立了一代新风，要把他们培养成为忠于社会主义祖国、忠于无产阶级革命事业、忠于马克思列宁主义毛泽东思想的优秀人才，将来走上工作岗位，成为有很高的政治责任心和集体主义精神，有坚定的革命思想和实事求是、群众路线的工作作风、严守纪律，专心致志地为人民积极工作的劳动者。邓小平认为，当前这种新风气是我国历史上从来没有的。爱劳动同爱祖国、爱人民一样，都是一种革命风尚，有助于实现青少年思想政治的进步，恢复和发扬被"四人帮"破坏的优良传统，在青少年中以至于在整个社会上形成一种人人向上、奋发有为的良好风气。

邓小平重视教育与生产劳动相结合的创新发展。1978 年 4 月，他在全国教育工作会议上强调，为了培养社会主义建设需要的合格的人才，必须认真研究在新的条件下如何更好地贯穿教育与生产劳动相结合的方针。邓小平不仅对教育与生产劳动相结合的方针一以贯之，并且要根据新的历史条件、时代特征，更好地贯彻教育与生产劳动相结合的方针，只有这样，才能保证教育同国民经济发展的要求相适应，与之相结合的生产劳动也能服务于国民经济发展的需要。"马克思、恩格斯、列宁和毛泽东同志都非常重视教育与生产劳动相结合，认为在资本主义社会里这是改造社会的最强有力的手段之一；在无产阶级取得政权之后，这是培养理论与实践结合、学用一致、全面发展的新人的根本途径，是逐步消灭脑力劳动和体力劳动差别的重要措施"，邓小平对马克思、恩格斯、列宁和毛泽东的教育与生产劳动相结合的重要思想高度认同，作为必须长期坚持的重要指导思想，既要同马克思列宁主义、毛泽东思想中的重要劳动思想一脉相承，蕴涵共同的理论精髓、思想品质和价值理想。与此同时，教育与生产劳动相结合更要与时俱进，现代经济和技术的迅速发展，要求教育质量和教育效率的迅速提高，要求教育与生产劳动结合的内容上、方法上不断有新的发展。邓小平认识到现代经济的发展和科学技术的进步，要求在坚持教育与生产劳动相结合的基本原则下，不断地更新内容、创新方法，只有这样，才能适应劳动观念发展、教育事业发展乃至于国民经济发展。他还特别强调，教育与生产劳动的结合要与职业发展相适应。如果学生学的和将来要从事的职业不相适应，学非所用，用非所学，就从根本上破坏了教育与生产劳动相结合的方针，不能调动学生学习和劳动的积极性，更不能满足新的历史时期向教育工作提出要求。学生参加怎么样的劳动，怎么下厂下乡，花多少时间，怎样同教学密切结合，都要有恰当的安排，要考虑到职业发展和就业，切实考虑劳动就业的需要。否则，不仅教育与生产劳动不能很好地相结合，还难以提高学生学习和劳动的积极性，这与新的历史时期对教育工作提出的要求是不相符的。

马克思主义中国化过程中的其他劳动思想，也充分体现着马克思主义劳动真精神与中国具体劳动实践的结合。尊重劳动、尊重知识、尊重人才、尊重创造唱响了江泽民劳动思想的主旋律，以辛勤劳动为荣、以诚实劳动为荣奏响了胡锦涛劳动思想的最强音；进入中国特色社会主义新时代以来，以习近平同志为核心的党中央对劳动地位和作用有着深刻的认识，劳动托起中国梦、美好生活靠劳动创造、德智体美劳全面发展等一系列重要论述，谱写了新时代劳动思想的新篇章。

江泽民强调大力发扬艰苦奋斗精神。1992年10月12日，在中国共产党第十四次全国代表大会上江泽民强调，我国底子薄，目前处在实现现代化的创业阶段，需要有更多的资金用于建设，一定要继续发扬艰苦奋斗、勤俭建国的优良传统，提倡崇尚节约的社会风气。1997年9月12日，在中国共产党第十五次全国代表大会上江泽民再次强调，广大人民牢固树立建设有中国特色社会主义共同理想，自强不息，锐意进取，艰苦奋斗，勤俭建国，在建设物质文明的同时努力建设精神文明的历史阶段。艰苦奋斗、勤俭建国体现着劳动价值观的具体内涵，从一定的政治高度和国家利益出发，塑造了广大劳动人民的价值观念和精神品质，体现了中国共产党始终如一的政治本色和优良作风。江泽民在《大力发扬艰苦奋斗精神》一文中指出，毛泽东同志、邓小平同志关于勤俭建国、艰苦奋斗的谆谆教诲，应该成为我们每一个同志的座右铭，要在全党全社会大力提倡高尚的社会主义思想道德和发扬中华民族的优良传统，以艰苦奋斗、勤俭朴素为荣，以铺张浪费、奢靡挥霍为耻。要始终如一地保持和发扬艰苦奋斗精神，特别是共产党员和广大干部，更要自觉远离和摒弃贪图享受、奢靡浪费。大力弘扬艰苦奋斗的重要论述，是江泽民劳动思想的重要体现，"以艰苦奋斗、勤俭朴素为荣，以铺张浪费、奢靡挥霍为耻"的精神指示是"以辛勤劳动为荣、以好逸恶劳为耻"重要精神的前奏曲。

江泽民倡导尊重劳动、尊重知识、尊重人才、尊重创造。2002年11月8日，在中国共产党第十六次全国代表大会上江泽民强调，必须尊重劳动、尊重知识、尊重人才、尊重创造，这要作为党和国家一项重大方针在全社会认真贯彻。要尊重和保护一切有益于人民和社会的劳动，一切合法的劳动收入和合法的非劳动收入，都应得到保护。江泽民提出的"四个尊重"的重大方针，与中国共产党的劳动思想脉络是贯通的，继承和发扬了邓小平的尊重劳动、尊重知识、尊重人才的劳动思想，进一步丰富为尊重劳动、尊重知识、尊重人才、尊重创造。"四个尊重"的重大方针，要求劳动者形成与时代要求相适应的劳动新思想、劳动新观念，形成人人爱劳动、人人做贡献的社会风尚。尊重劳动，造福劳动者是"四个尊重"重大方针的基本内核和本质要求，让一切有益于人民和社会的劳动得到尊重和保护，劳动成果得到尊重和共享。让一切创造社会财富的源泉充分涌流，首先就要尊重劳动、知识、人才、创造这些"源泉"，尊重劳动无疑是尊重知识、人才、创造这些"源泉"的根本。

江泽民强调培养爱劳动的优良道德品质。2000年6月28日，江泽民在中央思想政治工作会议上指出，社会主义道德建设要以马列主义、毛泽东思想、邓小平理论为指导，以为人民服务为核心，以集体主义为原则，以爱祖国、爱人民、爱劳动、爱科学、爱社会主义为基本要求，以职业道德、社会公德、家庭美德的建设为落脚点。爱劳动是中华民族的传统美德之一，自新中国成立后，爱劳动就被确立为一项基本的社会公德。爱劳动是社会主义道德建设的基本要求之一，而社会主义道德要与社会主义经济、社会主义政治、社会主义文化等多个方面相适应。爱劳动的基本要求，往更广范围、更深层次的角度讲，不仅关系到社会主义道德建设，更关系到社会主义经济建设、社会主义政治建设、社会主义文化建设等多个领域。江泽民特别重视诚实劳动。早在1994年全国宣传思想工作会议上，他指出弘扬主旋律，其中之一就是要大力倡导一切有利于民族团结、社会进步、人民幸福的思想和精神，大力倡导一切用诚实劳动争取美好生活的思想和精神。充分肯定一切用诚实劳动争取美好生活的思想和精神，诚实劳动作为一种劳动价值观念和劳动精神品质，能够使劳动者真正地实现人生追求和人生价值。投机的、取巧的、欺诈的劳动给人带来的是耻辱感，而不是幸福感，唯有诚实劳动才能够创造美好生活，劳动光荣正是寓于诚实劳动之中。

胡锦涛倡导"八荣八耻"社会主义荣辱观。"以辛勤劳动为荣""以诚实劳动为荣"等重要指示，是弘扬劳动光荣社会风尚的一面旗帜。2006年3月，胡锦涛参加全国政协十届四次会议民盟、民进界委员会联组讨论时指出，社会风气是社会文明程度的重要标志，是社会价值导向的集体体现，在社会主义社会里，是非、善恶、美丑的界限绝对不能混淆，坚持什么、反对什么，倡导什么、抵制什么，都必须旗帜鲜明。要教育广大干部群众特别是广大青少年树立社会主义荣辱观，坚持以热爱祖国为荣、以危害祖国为耻，以服务人民为荣、以背离人民为耻，以崇尚科学为荣、以愚昧无知为耻，以辛勤劳动为荣、以好逸恶劳为耻，以团结互助为荣、以损人利己为耻，以诚实劳动为荣、以见利忘义为耻，以遵纪守法为荣、以违法乱纪为耻，以艰苦奋斗为荣、以骄奢淫逸为耻。这"八荣八耻"充分体现了社会主义荣辱观的具体内涵和基本要求，特别是以辛勤劳动为荣、以好逸恶劳为耻，以诚实劳动为荣、以见利忘义为耻，以艰苦奋斗为荣、以骄奢淫逸为耻，更是直接体现了新时期的主流劳动价值观，鼓励辛勤劳动、诚实劳动、创新性劳动，同时反对轻视劳动、拒绝劳动、浪费他人劳动成果。"八荣八耻"不仅是对社会主义荣辱观的高度概括，也是对社会主义劳动观的生动阐述，从社会主义主导价值和道德规范的高度，提出符合时代特征的社会主义劳动观要求。

胡锦涛重视尊重劳动、尊重知识、尊重人才、尊重创造。2003年4月，在广东省考察工作时，胡锦涛提出要认真贯彻尊重劳动、尊重知识、尊重人才、尊重创造的重大方针，大力展开人力资源能力建设，积极做好培养、引进、使用人才特别是高层次人才工作，为他们创造良好创业环境。11月，在庆祝我国首次载人航天飞行圆满成功大会上，他指出要在全社会进一步树立尊重劳动、尊重知识、尊重人才、尊重创造的良好风尚，努力建设一支宏大的富有创新能力的高素质人才队伍，充分发挥他们的作用，为全面建设小康社会提供强大人才支撑。12月，在全国人才工作会议上，他再次提出尊重劳动、尊重知识、尊重人才、尊重创造的重大方针，明确要努力形成广纳贤才、人尽其才、能上能下、充满活力的用人机制，把优秀人才集聚到党和国家各项执业中来的战略任务。2008年12月，在纪念党的十一届三中全会召开三十周年大会上，他再次强调要尊重人民主体地位，发挥人民首创精神，贯彻尊重劳动、尊重知识、尊重人才、尊重创造的重大方针。胡锦涛多次强调"四个尊重"的重大方针，这对全面建设小康社会、加快推进社会主义现代化建设至关重要。只有尊重劳动、尊重知识、尊重人才、尊重创造，才能更广范围、更深领域地挖掘劳动者的劳动潜能，激发劳动者的劳动创造，提升劳动者的劳动素质，建设一支富有活力、与时俱进的知识型、创新型劳动大军。与此同时，在全国人才工作会议上，胡锦涛也认识到面对当前全面建设小康社会的新形势、新任务，我国人才工作还存在一些不容忽视、亟待解决的问题，比如，现代国民教育体系不够完善，劳动者素质同社会主义现代化建设要求有较大差距，人力资源建设整体水平不高等。这就需要在全社会深入贯彻尊重劳动、尊重知识、尊重人才、尊重创造的重大方针，把"四个尊重"作为国民教育体系建设的首要内容和重点要求，以此提升劳动者的劳动和劳动价值认识，形成与全面建设小康社会的新形势、新任务相适应的劳动观念。

胡锦涛重视学习马克思、恩格斯、列宁关于劳动的重要论述。2005 年 2 月，在省部级主要领导干部提高构建社会主义和谐社会能力专题研讨班上，胡锦涛引用马克思、恩格斯对未来社会的构想，未来社会将在打碎旧的国家机器、消灭私有制的基础上，消除阶级之间、城乡之间、脑力劳动和体力劳动之间的对立和差距，极大调动全体劳动者的积极性，使社会物质财富极大丰富、人民精神境界极大提高，实行各尽所能、各取所需，实现每个人自由而全面的发展，在人与人之间、人与自然之间都形成和谐关系。他还引用列宁对社会主义社会建设的重要思想，只有社会主义才可能广泛推行和真正支配根据科学原则进行的产品的社会主义生产和分配，以便使所有劳动者过上最美好最幸福的生活；生气勃勃的创造性的社会主义是由人民群众自己创立的。马克思主义经典著作中对劳动的阐述，是胡锦涛劳动思想的重要理论基石。

胡锦涛强调生产劳动和社会实践相结合。2010 年 7 月 13 日，在全国教育工作会议上胡锦涛强调，要全面贯彻党的教育方针，坚持教育为社会主义现代化建设服务，为人民服务，与生产劳动和社会实践相结合，培养德智体美全面发展的社会主义建设者和接班人；要促进学生全面发展，优化知识结构，丰富社会实践，加强劳动教育，着力提高学习能力、实践能力、创新能力，提高综合素质，加快改变学生创新能力培养不足状况。教育要与生产劳动和社会实践相结合，与社会实践相结合是与生产劳动相结合的丰富和发展。加强劳动教育，是新的历史条件下教育工作的重要内容。不同于以往传统的劳动教育，随着劳动、知识、人才、创造的界限日益交杂，新的历史条件下的劳动教育，必须树立新的劳动观，重视创新劳动、创新人才的培养，塑造尊重劳动、尊重知识、尊重人才、尊重创造的价值理念。早在 2006 年 8 月，在十六届中央政治局第三十四次集体学习时胡锦涛就指出，要全面推进基础教育课程改革，改进培养模式、教育内容、教育方法，激发学生发展的内在动力，倡导和组织学生积极参加各种有益的生产劳动、社会实践和公益活动，提高学生的创新精神和实践能力。基础教育的改革发展，特别是劳动教育，要重视培养模式、教育内容、教育方法的改进，不仅要在基础教育课程中，培养学生正确的劳动价值观，更要在基础教育课程之外，鼓励学生积极参加生产劳动、社会实践和公益活动，引导学生自觉培养正确的劳动价值理念。

胡锦涛强调体面劳动。2008 年 1 月，胡锦涛出席"2008 年经济全球化与工会"国际论坛开幕式时强调，让广大劳动者实现体面劳动是以人为本的要求，是时代精神的体现，是尊重和保障人权的重要内容。2010 年 4 月，在全国劳动模范和先进工作者表彰大会上胡锦涛再次强调，要切实发展和谐劳动关系，建立健全劳动关系协同机制，完善劳动保护机制，让广大劳动群众实现体面劳动。这一体面劳动的阐述，充分体现了以劳动者为主体的具体要求。劳动的体面意味着劳动者在劳动过程中，能够真切感受到主人翁地位，体验到幸福、尊严和认可。作为一种全新的劳动理念，体面劳动在本质上蕴含着劳动光荣的价值理念。胡锦涛强调劳动光荣的社会氛围和社会风气，这是新中国成立以来，中国共产党始终坚持弘扬的劳动价值观主旋律。2012 年 11 月 8 日，在中国共产党第十八次全国代表大会上胡锦涛再次强调，全面提高公民道德素质要营造劳动光荣、创造伟大的社会氛围，培育知荣辱、讲正气、做奉献、促和谐的良好风尚。劳动光荣作为劳动价值观的精神内核，知荣辱、讲正气、做奉献、促和谐体现出劳动的价值旨归，这与中国共产党的劳动思想是贯通一致的。

习近平新时代中国特色社会主义思想这一重大理论创新，蕴含着具有时代特征、鲜明特色的劳动思想。党的二十大报告强调"在全社会弘扬劳动精神、奋斗精神、奉献精神、创造精神、勤俭节约精神，培育时代新风新貌"，党的十九大报告强调"弘扬劳模精神和工匠精神，营造劳动光荣的社会风尚和精益求精的敬业风气"，在全国教育大会上强调"坚持中国特色社会主义教育发展道路，培养德智体美劳全面发展的社会主义建设者和接班人"，等等，这些重要论述充分体现了习近平劳动思想的精神内核，把马克思主义劳动理论与我国具体劳动实践充分结合，促进马克思主义劳动真精神和人的全面发展旨归落实到劳动理论创新和劳动育人实践上。在后面的研究中对习近平的劳动思想有着具体阐明和详细论述，故在此不再赘述。

第三章　新时代劳动观教育的价值旨趣

新时代劳动观教育的价值旨趣，是把握新时代劳动观以何教育以及何以教育的价值前提，关系到新时代劳动观教育的要旨、方向和定位。因此，立足于新时代，从"劳动托起中国梦""美好生活靠劳动创造""德智体美劳全面培养""弘扬劳动精神""劳动最光荣"的新时代话语中，把握肩负中华民族伟大复兴使命、解决新时代社会主要矛盾、推进现代化教育体系构建、形塑人的劳动精神、增强人的劳动价值判断力等方面。

一、肩负中华民族伟大复兴使命："劳动托起中国梦"

（一）中国梦的概念

梦想是人特有的主观意志和价值追求，寄托着人们对美好生活、美好社会、美好未来的向往和期盼。以习近平同志为核心的领导集体将中国梦作为政治载体借梦言志，体现出立足于现实基础上既传承优秀传统又开创辉煌未来的宏达理念。

中国梦的首次提出，是习近平在 2012 年 11 月 29 日参观《复兴之路》展览时指出每个人都有理想和追求，都有自己的梦想，实现中华民族伟大复兴，就是中华民族近代以来最伟大的梦想。中国梦立意深远，站位高远，正是个体梦想和集体梦想的交融和汇聚。集体梦想的实现方式，是通过具体的个体来进行的，离开了个体的奋斗，就谈不上集体的奋斗。集体梦想的实现前提，是承认个体的自由发展、自我追求，真正的集体梦想是建立在真正自由人的联合体基础上的梦想。习近平正是从个体梦想出发，在充分尊重个体梦想的基础上强调集体梦想的伟大意义。每个人不仅要树立自己的理想和追求，更要心怀中华民族伟大复兴的梦想和期盼。中国梦赋予每个人伟大的梦想、深沉的情怀和共同的期盼，个体梦想离开中国梦的支撑和指引，就会陷入小我、自我的怪圈。中国梦的首次提出，极大地坚定全国各族人民对实现共同理想的信念，奠定全国各族人民继续团结奋斗的方向。

习近平在第十二届全国人民代表大会第一次会议上做出关于中国梦的一系列重要论述，学界普遍认为这是中国梦系统提出的重要标志。会上指出，实现全面建成小康社会、建成富强民主文明和谐的社会主义现代化国家的奋斗目标，实现中华民族伟大复兴的中国梦，就是要实现国家富强、民族振兴、人民幸福；实现中国梦必须走中国道路；实现中国梦必须弘扬中国精神；实现中国梦必须凝聚中国力量；中国梦归根到底是人民的梦，必须紧紧依靠人民来实现，必须不断为人民造福。习近平运用马克思主义的立场、观点和方法，强调我国目前所处的社会发展阶段以及面临的基本国情，揭示了中国梦作为一个思想体系的本质内涵、实现路径和实践主体等一系列重要问题，认为中国梦的实现任重而道远。实现中国梦，就要落实到国家富强、民族振兴和人民幸福上，中国梦是国家富强、民族振兴和人民幸福的目标凝练，国家富强、民族振兴和人民幸福是中国梦的价值表达。中国梦既是一脉相承又是与时俱进的，是随着实现全面建成小康社会、建成社会主义现代化国家的具体实践而不断发展、深化和推进的。实现中国梦就要坚定不移地走中国特色社会主义道路，弘扬以爱国主义为核心的民族精神和以改革开放为核心的时代精神，凝聚全国各族人民大团结的智慧和力量，在一代又一代的中国人的伟大实践中实现，为一代又一代的中国人的美好夙愿圆梦。

自中国梦提出以来，一系列关于中国梦的论述不断深化和丰富着中国梦的内涵。2013 年 4 月，刘云山在深化中国梦宣传教育座谈会上指出，中国梦视野宽广、内涵丰富，升华了我们党的执政理念，是当今中国的高昂旋律和精神旗帜。学习领会中国梦的精神实质，要把握好国家富强、民族振兴、人民幸福的基本内涵。把握好坚持中国道路、弘扬中国精神、凝聚中国力量的重要遵循，把握好中国梦是人民的梦这一本质属性，进一步坚定自信、增强自觉、实现自强，努力建设强盛中国、文明中国、和谐中国、美丽中国。深化中国梦的宣传教育，要同中国特色社会主义宣传教育结合起来，同社会主义核心价值体系建设结合起来，同做好当前各项工作结合起来，引导人们坚定理想信念、构筑精神支柱，积极投身实现中国梦的生动实践。5 月，刘奇葆在国家社会科学基金项目评审工作会议上强调，哲学社会科学战线要把研究阐释中国特色社会主义和中国梦作为首要任务，集中骨干力量，集聚优势资源，加强综合攻关，推出一批重大理论成果，为增强道路自信、理论自信、制度自信提供坚实的学理支撑。加强对中国梦这一战略思想的研究，不仅是中国梦伟大实践的现实需要，还是当前哲学社会科学界的首要任务。中国梦的宣传教育同中国特色社会主义宣传教育、社会主义核心价值体系建设和做好当前工作结合起来，充分体现了投身实现中国梦的具体实践、全面实践和鲜活实践。在深化中国梦的实践探索中，要加强对中国梦这一理论体系的研究和阐释。正所谓理论创新每前进一步，理论武装就跟进一步。中国梦代表着一种理论创想和话语创新，充分理解中国梦的理论创新意义，能够清晰地呈现和观照中国梦的底色、基质、逻辑和进路。

此后，中国梦作为重要战略思想在多个重大场合多次被提及。2013 年 10 月，习近平在同全国总工会新一届领导班子成员集体谈话时明确指出，中国梦是一种形象的表达，是一个最大公约数，是一种为群众易于接受的表述，核心内涵是中华民族伟大复兴，可以适当拓展，但不能脱离中华民族伟大复兴这个主题。12 月，习近平在中共中央政治局第十二次集体学习时的重要讲话中进一步指出，中国梦的宣传和阐释，要与当代中国价值观念紧密结合起来。中国梦意味着中国人民和中华民族的价值体认和价值追求，意味着全面建成小康社会、实现中华民族伟大复兴，意味着每一个人都能在为中国梦的奋斗中实现自己的梦想，意味着中华民族团结奋斗的最大公约数，意味着中华民族为人类和平与发展作出更大贡献的真诚意愿。2016 年，习近平在庆祝中国共产党成立 95 周年大会上的讲话上坚定地强调，今天，我们比历史上任何时期都更接近中华民族伟大复兴的目标，比历史上任何时期都更有信心、有能力实现这个目标。我们完全可以说，中华民族伟大复兴的中国梦一定要实现，也一定能够实现。中国梦作为中华民族团结奋斗的最大公约数，理解中国梦要真切感知群众的需求，也要深刻认识历史特征，更要清楚把握时代脉搏。习近平关于中国梦的提出不是偶然，而是根植于中华民族的现实土壤之中，体现了对马克思主义中国化道路的坚定自信和中国特色社会主义建设的坚定决心，我们比任何时候都有信心、有能力、有条件、有准备坚信一定能够实现中国梦。

　　特别是习近平在党的第十九次全国人民代表大会上提及中国梦13次，将实现中华民族伟大复兴的中国梦这一重要战略思想推向高潮。大会的主题是：不忘初心、牢记使命，高举中国特色社会主义伟大旗帜，决胜全面建成小康社会，夺取新时代中国特色社会主义伟大胜利，为实现中华民族伟大复兴的中国梦不懈奋斗。每站在一个新的历史起点上，中华民族对梦想的追求也不尽相同。在中国近代历史上兴起的农民阶级起义、地主阶级变革、新兴资产阶级革命，都不能带领中华民族实现独立富强，中华民族伟大复兴的历史重任只能由中国共产党来领导实现。在马克思主义思想指导下的中国共产党，自诞生起，就肩负着实现中华民族伟大复兴的历史使命和时代重任。时至今日，根据近代中国以来的历史特征和中华民族的奋斗历程，以习近平同志为核心的新一届中央领导集体提出中华民族伟大复兴的中国梦，并且要为实现中华民族伟大复兴的中国梦不懈奋斗。这一大会在全面建成小康社会决胜阶段、中国特色社会主义发展关键时期，将实现中华民族伟大复兴的中国梦这一重要战略思想推向高潮。习近平在党的第二十次全国人民代表大会上再次强调，我们对新时代党和国家事业发展做出科学完整的战略部署，提出实现中华民族伟大复兴的中国梦。这一胜会将中国梦的战略地位一以贯之，充分肯定全面建设社会主义现代化国家、全面推进中华民族伟大复兴的征程上中国梦的重要战略意义。

（二）劳动托起中国梦的历史定位

中国梦作为一个鲜明生动的时代化命题，加强中国梦教育不仅是新时代中国特色社会主义伟大事业的重要方向，更是中华民族伟大复兴、伟大实践的现实需要。劳动作为中国梦理论体系的核心问题，从中国梦出发理解劳动观教育的科学内涵和理论特色，是对劳动托起中国梦的系统总结和教育定位。一方面，蕴含着对劳动的高位概括和价值肯定，明确劳动是中国梦的重要根基和依托；另一方面，通过劳动创新中国梦的表达方式，以通俗化、口语化、场景化的话语表达，增强劳动价值观教育的亲和力和传播力。

劳动托起中国梦这一政治话语，在 2015 年庆祝"五一"国际劳动节暨表彰全国劳动模范和先进工作者大会上首次亮相。习近平指出，我国工人阶级和广大劳动群众要增强历史使命感和责任感，立足本职、胸怀全局，自觉把人生理想、家庭幸福融入国家富强、民族复兴的伟业之中，把个人梦与中国梦紧密联系在一起，把实现党和国家确立的发展目标变成自己的自觉行动；要深入开展中国特色社会主义理想信念教育，培育和践行社会主义核心价值观，弘扬中华优秀传统文化，开展以职业道德为重点的"四德"教育，深化"中国梦·劳动美"教育实践活动，不断引导广大群众增强中国特色社会主义道路自信、理论自信、制度自信；我国工人阶级和广大劳动群众要更加紧密地团结在党中央周围，勤奋劳动、扎实工作，锐意进取、勇于创造，在实现"两个一百年"奋斗目标的伟大征程上再创新的业绩，以劳动托起中国梦！此后，各行各业掀起学习贯彻劳动托起中国梦的热潮。

劳动与中国梦是密切相关、相辅相成的。劳动托起中国梦的本质内涵就是依托广大劳动群众的辛勤劳动实现国家富强、民族振兴、人民幸福，通过伟大劳动和伟大劳动者将中国特色社会主义伟大事业、全面建设社会主义现代化国家、中华民族伟大复兴中国梦、人民群众对美好生活的向往有机结合。

首先，中国梦是劳动者以主人翁姿态进行劳动创造的奋斗目标。第一，国家富强是民族振兴、人民幸福的根本保证。国家富强意味着综合国力进一步增强，特别是国家经济实力进一步提升。我国目前的经济总量已经跃居世界第二位，但是经济竞争力还没有达到发达国家水平。经济基础决定上层建筑这一唯物史观，决定了作为上层建筑的中国梦必然受到经济基础的决定和制约。劳动是财富的源泉，改革开放初期极大地调动了人民的劳动积极性，创造了巨大的物质财富和经济财富，有力地推动了我国改革开放的进程。全党全国各族人民迈上全面建设社会主义现代化国家新征程、向第二个百年奋斗目标进军的关键时刻，更应该充分地激发人们的劳动创造性，更加注重劳动创新能力、协作能力以及学习能力，不断增强经济实力和国际竞争力。未来我们要实现富强中国的大国梦，就要进一步以劳动促进经济发达、科技强劲、政治民主、文化繁荣、社会和谐、生态美好。第二，民族振兴是国家强盛的重要标志，更是人民幸福的必要前提。中华民族从古代文明起一直延续至今，勤劳勇敢、自强不息的优秀传统是我们在绵延不断的人类文明中站稳脚跟的根基，同时也是在新的历史条件和时代背景下大步跃进的动力。民族振兴离不开继承中华民族勤于劳动、善于创造的优良传统，离不开通过辛勤劳动、诚实劳动、创造性劳动创造出的先进成果。正是劳动创造使中华民族拥有了历史的辉煌，也拥有了今天的成就。较之于正在逐渐褪色的代表个人英雄主义的美国梦和正在探索阶段的提倡集体福利精神的欧洲梦，中国也在全球范围内重塑中华民族形象的中国梦，使中华民族再次处于世界领先地位，再次屹立于世界民族之林。劳动因中华民族优秀传统而更加具有历史厚重感，更加契合民族心理、反映民族特色、彰显民族品格。第三，人民幸福是国家富强、民族振兴的题中之义，更是出发点和落脚点。如果国家不富强、民族不独立，劳动者的基本生存就无法得到保障，更谈不上幸福感、获得感和安全感。如果劳动者对国家富强、民族振兴没有责任意识和担当精神，那么国家衰退、民族危亡就是一个必然趋势。中国梦是每一个中国人的梦，从奋力挽救中华民族危亡到努力实现中华民族复兴，中国梦的实现必须依靠广大劳动群众。劳动是财富的源泉，也是幸福的源泉。一切劳动者只要在百舸争流、千帆竞发的洪流中勇立潮头，在不进则退、不强则弱的竞争中赢得优势，在报效祖国、服务人民的人生中有所作为，就能在劳动中体现价值、展现风采、感受快乐。要尊重劳动成果，鼓励劳动创造，保障劳动权利，树立劳动最光荣、劳动最崇高、劳动最伟大、劳动最美丽的观念，使劳动者通过体面的、有尊严的劳动体会到幸福是奋斗出来的。

其次，劳动是人们实现中华民族伟大复兴中国梦的重要基石。实现中华民族伟大复兴中国梦从根本上要靠劳动、靠劳动者创造，要崇尚劳动、尊重劳动者。作为一位深受中华传统文化滋养的马克思主义者，习近平将劳动作为实现中华民族伟大复兴中国梦的重要基石，把马克思主义劳动思想和中华传统劳动美德有机融合。劳动作为人类的本质活动，劳动光荣、创造伟大本身就是对人类文明进步的重要诠释，这是马克思劳动思想的应有之意，也是中华民族传统劳动美德的价值所在。第一，中国梦源于马克思主义的历史唯物主义思想。历史唯物主义作为马克思的新世界观是基于劳动而阐发的。劳动理论是历史唯物主义的基本内容，为意识形态理论的确立奠定重要的原理基础。虽然中国梦是一种意识形态，但是其自身具有历史唯物主义的属性。中国梦既不是虚幻的物象，又不是空洞的口号，它是依托人们的劳动创造来实现的，具有丰富的内涵和具体的内容。作为上层建筑的中国梦的理念体系，符合劳动是人和人类社会赖以生存和发展的基础的客观规律，既适应通过劳动实现人的自由全面发展的普遍需要，也符合新时代中国特色社会主义建设的具体实际。第二，中国梦根植于辉煌灿烂的中华优秀传统文化。传统文化是民族身份的标识性元素，中华优秀传统文化是中华文明绵延至今的关键，是中华民族站稳脚跟的根基，中华传统劳动美德正是中华优秀传统文化的重要组成部分。中华民族自古就有勤于劳动的传统美德和尊重劳动的优良风尚，女娲、愚公、精卫以坚韧顽强的劳动者形象展现在我们面前，神农、伏羲、燧人在劳动的过程中开创华夏文明，尧、舜、禹以其劳动业绩成为部落联盟领袖，孔子、孟子、颜元强调劳动贯穿于修身、齐家、治国、平天下整个过程。习近平重温了"民生在勤，勤则不匮"的质朴道理，也进一步提炼出"勤于劳动、善于创造"的民族品格，赋予了中华传统劳动美德的历史意蕴和时代内涵。

二、解决新时代社会主要矛盾："美好生活靠劳动创造"

（一）美好生活的概念

美好生活是人类社会实践过程中的理想目标，是整个人类社会发展进程中的动力源泉。美好生活作为高频、高亮词汇，是新时代治国理政的鲜明理念和重要话语。美好生活作为一种诗意化、形象化的感性表达，与富强、民主、法治等制度性宏观词汇截然不同。美好生活这一表达，是对讲好中国话语、时代话语和大众话语的强有力例证，增强了马克思主义理论话语表达的亲和力。美好作为关系到社会发展、生活方式、价值追求等较高的衡量尺度，不仅体现了人民对生活标准更高质量、更广领域、更加全面的需要升级，也契合了当前我国社会主要矛盾发生变化的现实需要。

早在 2012 年 11 月，习近平在中共中央政治局常委同中外记者见面时旗帜鲜明地指出，人民热爱生活，期盼有更好的教育、更稳定的工作、更满意的收入、更可靠的社会保障、更高水平的医疗卫生服务、更舒适的居住条件、更优美的环境，期盼孩子们成长得更好、工作得更好、生活得更好。人民对美好生活的向往，就是我们的奋斗目标。人世间的一切幸福都需要靠辛勤的劳动来创造。这是习近平当选新一届中共中央领导人后的首次公开讲话，鲜明地宣示了带领人民过上美好生活的迫切愿望和坚定决心。美好生活始终是以满足人民群众多样化、多层次、多方面的需要为核心，蕴含着坚定的人民性、鲜明的时代性和强烈的实践性。首先要有足够的物质生活资料，比如更稳定的工作、更满意的收入、更舒适的居住条件，解决人的吃穿住行等基本生活需要。其次要有和谐有序的社会关系，比如更好的教育、更可靠的保障、更高水平的医疗卫生服务，能够体现社会的公平和正义。再次要有幸福感、获得感和安全感，这与人的主观期待、客观获得和实际享有密切相关。

2013 年 6 月，习近平在中共中央政治局第七次集体学习时的讲话中指出，毛泽东同志要求全党同志必须全心全意为人民服务，邓小平同志要求我们做工作必须考虑群众拥护不拥护、赞成不赞成、高兴不高兴、答应不答应，江泽民同志提出我们党要始终代表中国最广大人民根本利益，胡锦涛同志提出必须把实现好、维护好、发展好最广大人民根本利益作为一切的出发点和落脚点，我们这一届党中央明确提出"人民对美好生活的向往，就是我们的奋斗目标"，是一以贯之的。此次讲话，习近平系统概括和深刻领会了毛泽东思想、邓小平理论、"三个代表"重要思想和科学发展观，继承和发展了以人民为中心的重要思想，明确提出我们的奋斗目标是人民对美好生活的向往。中国共产党经历了革命、建设和改革，党的主要领导人毛泽东、邓小平、江泽民、胡锦涛都创造性地提出了适应时代要求、体现时代特色的以人民为中心的重要思想。新一届党的领导人习近平提出的"人民对美好生活的向往，就是我们的奋斗目标"的发展思想，是对以人民为中心的重要思想的继承和创新，彰显了中国共产党始终如一的人本维度和人文关怀，体现了中国共产党与时俱进的奋斗精神和政治品格。在新的伟大征程中，只有把握好党与人民、时代与人民、发展与人民和美好生活与人民的辩证关系，才能牢记和落实为人民谋利益的责任担当和为民族谋复兴的使命追求，才能创造出无愧于党、无愧于人民、无愧于时代的辉煌业绩。

2017 年，习近平在党的第十九次全国人民代表大会上提及美好生活 14 次之多，将美好生活提到我国社会主要矛盾的战略高度、全局高度来认识和对待。习近平对当前我国社会主要矛盾做出新的重大判断，牢牢把握住了新时代我国发展面临的新形势和新使命，准确地定位了人民群众日益增长的美好生活需要。报告明确强调，中国特色社会主义进入新时代，我国社会主要矛盾已经转化为人民日益增长的美好生活需要和不平衡不充分的发展之间的矛盾。我国稳定解决了十几亿人的温饱问题，总体上实现小康，不久将全面建成小康社会，人民美好生活需要日益广泛，不仅对物质文化生活提出了更高要求，而且在民主、法治、公平、正义、安全、环境等方面的要求日益增长。同时，我国社会生产力水平总体上显著提高，社会生产能力在很多方面进入世界前列，更加突出的问题是发展不平衡不充分，这已经成为满足人民日益增长的美好生活需要的主要制约因素。从新中国到新时代，我国社会主要矛盾经历了三次重大转变。在帝国主义和中华民族的矛盾，封建主义和人民大众的矛盾这一社会主要矛盾破解的基础上，中华民族站了起来。在人民日益增长的物质文化需要同落后的社会生产之间的矛盾这一社会主要矛盾破解的基础上，中华民族富了起来。当前处于新时代的历史起点，只有在人民日益增长的美好生活需要和不平衡不充分的发展之间的矛盾这一社会主要矛盾破解的基础上，中华民族才能真正地强起来，才能真正实现中华民族伟大复兴中国梦。从人民日益增长的物质文化需要到美好生活需要，反映出人民需要范畴的广度、深度和高度的内核式、整体式升级。2022年，在党的第二十次全国人民代表大会上，习近平更是强调我们完成脱贫攻坚、全面建成小康社会的历史任务，实现第一个百年奋斗目标。在全体人民共同富裕的现代化进程中，要坚持把实现人民对美好生活的向往作为现代化建设的出发点和落脚点。

2018年8月，《人民日报》头版刊发《风雨无阻创造美好生活》一文。文中写道：在中国共产党领导下，中国人民战风斗雨，一次次攻坚克难、一步步勇毅前行，书写了光照时代的历史篇章，创造了属于自己的美好生活；创造美好生活，就要解决"快速发展"留下的问题，就要破解"发展起来之后"的烦恼，就要迈过"进一步发展"绕不开的坎；美好生活不是温室里的生活，不是真空里的生活，风风雨雨就是生活的本身；无论什么样的风雨，都无法阻挡中国人民奔向美好生活的脚步。这篇文章站在大历史观视野下诠释了中国人民创造美好生活、实现复兴梦想进程的决心，字字铿锵有力，令人心气提振！马克思主义辩证法强调发展的前进性和曲折性的统一，实现美好生活前途必然是光明的，但道路也一定是曲折的。当前人们生活现状与美好生活需要尚有一定差距，仍然存在贫富差距较大、社会资源分配不公等问题，如教育、住房、工作、收入、医疗卫生、社会保障等方面还有待提升。风雨无阻创造美好生活，既要解决快速发展留下的问题，为可持续发展补齐短板，填平漏洞，又要破除发展起来之后的问题，应对一系列新问题、新态势，还要迈过进一步发展绕不开的坎，迎着改革方向攻坚克难，打破藩篱。文中以"行动哲学"一词，凸显人们风雨无阻创造美好生活的决心和信心，这是遵循马克思主义实践哲学的。马克思主义作为中国特色社会主义的指导思想，本身就要求人们要通过实践，特别是生产劳动的实践创造美好生活、美好世界。

（二）美好生活靠劳动创造的内在维度

中国特色社会主义进入新时代，深刻地揭示了当前我国发展的新内涵、新特点和新态势。人民日益增长的美好生活需要和不平衡不充分的发展之间的矛盾，使得需求侧和发展侧都发生着深刻的变化。特别是作为需求侧的人民日益增长的美好生活需要，是推动社会向更高层次、更深领域、更广范围发展起决定性作用的动力源泉。劳动作为人的本质需要和人的本质活动，要求我们把握美好生活的劳动意蕴和人本意蕴。从人、美好生活、劳动三个维度揭示美好生活的丰富内涵，对把握新时代劳动观教育的劳动美思考具有重要意义。

首先，人是实现美好生活的主体力量，人民对美好生活的向往就是人的主体性得到充分而自由地发挥。新时代是全国各族人民团结奋斗、不断创造美好生活、逐步实现全体人民共同富裕的时代，各族人民、全体人民充分体现了主体共同体的必要性和重要性。美好生活需要正是诉诸主体需要，在广大人民群众的共同利益的基础上建设主体共同体。一方面，主体之间要在观念上达成共识，形成需求合力。美好生活需要是具有广泛群众基础的，反映了广大人民群众的共同利益和根本利益，这是达成需要共识的关键所在。当广大人民群众都以美好生活需要作为奋斗目标时，主体共同体的观念共识才能形成，才能充分发挥凝聚力和向心力。另一方面，主体之间要在实践上形成伟大奋斗、辛勤劳动的格局。实现美好生活需要广大人民群众心往一处想，智往一处谋，更要劲往一处使。主体共识影响主体行为，在达成需要共识的基础上达成行动共识，实现美好生活更应该落脚到伟大奋斗、辛勤劳动中，这样才能充分发挥领导力和战斗力。从哲学意义上讲，劳动作为人的生产生活实践，是一个不断从自在存在物向自我存在物转化和发展的过程，是一个不断对人的主体性确证和实践的过程。因此，通过辛勤劳动、集体劳动、团结劳动让人们感受到幸福，就是真正摆脱人作为自在存在物的属性，凸显人作为自为存在物的属性，真正实现人的自由全面发展和美好生活需要的价值目标。

其次，美好生活是人的需要的合规律性体现，人的多样性需要是实现美好生活的内生性动力。中国特色社会主义进入新时代，这是一个提出新需要、满足新需要的新阶段。美好生活需要是人的需要和社会发展的需要，这关系到人的尊严与地位，更关系到社会发展的和谐与稳定。马克思主义认为，人的需要和动物的需要是不同的，同样地，人的需要的满足和动物需要的满足也是不同的，这是人与动物的根本区别之一。人通过劳动这一能动方式满足自身的自然性需要和社会性需要，不只是出于人的自然性，更不是以直接占有的本能方式满足自己的需要。因此，人的需要具有社会的、历史的、能动性等特征，是随着社会历史条件和经济发展水平的发展而增长的。人的需要的发展程度、实现程度不仅受到社会生产力水平的制约，还受到社会文明程度、人的受教育程度等因素的影响。人的多重需要推动了人的劳动的多元创造，进而推动了人类社会的不断进步和人的自由全面发展。因而，人的需要是推动人的主体性确证和能动性发挥的内生性动力。随着我国社会生产力的快速发展和社会的全面进步，人民日益增长的物质文化需要转向美好生活需要，人民群众不再满足于基本的物质文化需要，而是提出了全方位、多层次、深领域的美好生活需要。这一美好生活需要既包括物质生活的刚性要求，又包括安全、正义、公平、尊严、体面、幸福等柔性需要。总的来说，我国在经济基础、上层建筑、人民生活等方面都在发生深刻变化，人民群众从日益增长的物质文化需要到美好生活需要，是充分遵循人的需要的发展规律的，也符合新时代我国基本国情和现代化进程的。

三、推进现代化教育体系构建："德智体美劳全面培养"

（一）德智体美劳全面培养的概念

作为新时代中国特色社会主义教育的重要目标，德智体美劳全面培养的教育体系包含两个层面，一是培养社会主义建设者和接班人，二是培养德智体美劳全面发展。社会主义建设者和接班人明确表述了教育培养的总体规格和政治属性，德智体美劳全面发展精准定位了教育培养的素质结构和目标领域，这两个层面是密不可分、内在统一的。教育所要培养的人才在德智体美劳方面是否全面发展、协调发展、可持续发展，关系到社会主义建设者和接班人的合格与否，关乎社会主义事业的成功与否。

2016年12月9日，在全国高校思想政治工作会议上习近平强调，高校思想政治工作关系高校培养什么样的人、如何培养人以及为谁培养人这个根本问题。要坚持把立德树人作为中心环节，把思想政治工作贯穿教育教学全过程，实现全程育人、全方位育人，努力开创我国高等教育事业发展新局面；我们的高校是党领导下的高校，是中国特色社会主义高校。办好我们的高校，必须坚持以马克思主义为指导，全面贯彻党的教育方针。要坚持不懈传播马克思主义科学理论，抓好马克思主义理论教育，为学生一生成长奠定科学的思想基础。此次会议为培养德智体美劳全面培养的教育体系的提出和确立提供了根本遵循，明确了根本方向。一是高校思想政治教育工作开展必须坚持三大问题导向，即培养什么样的人、如何培养人以及为谁培养人。抓住培养人这一根本问题，特别是培养什么样的人、如何培养人以及为谁培养人这三个重要方面，就要遵循人才成长规律，创新人才培养方法和明确高校办学方向。坚持培养德智体美劳全面发展的社会主义建设者和接班人是整个国家教育工作特别是高校思想政治教育工作的应有之义和总体要求。二是把握高校的社会主义这个根本规定性。教育具有政治属性，不同的教育目的是不同的教育制度的体现。每个国家都是按照自己的政治要求来培养人，教育应该在服务自己国家发展过程中完善起来。我国教育培养的是社会主义建设者和接班人，不是社会主义的旁观者和反对派，也不是其他社会制度的建设者和接班人，更不是抽象的、一般的、国外的其他社会主义建设者和接班人，准确地说是中国特色社会主义的建设者和接班人。中国特色社会主义制度对教育提出的客观要求，把培养德智体美劳全面发展的社会主义建设者和接班人落到实处。

回顾党的历次全国人民代表大会，早在党的十八大报告中胡锦涛就强调，坚持教育优先发展，全面贯彻党的教育方针，坚持教育为社会主义现代化建设服务、为人民服务，把立德树人作为教育的根本任务，培养德智体美全面发展的社会主义建设者和接班人。党的十九大报告中习近平再次强调，全面贯彻党的教育方针，落实立德树人根本任务，发展素质教育，推进教育公平，培养德智体美全面发展的社会主义建设者和接班人。习近平重新提出德智体美全面发展的教育要求，这是对党和国家关于我国教育事业和人才培养目标重要思想的再肯定和再出发。一方面，充分肯定马克思主义人的全面发展理论，构建相对比较丰富的理论景观。德智体美四个领域相辅相成、密不可分，共同服务于人的全面发展这一重要目标。另一方面，为深入把握马克思主义人的全面发展理论，创新全面发展教育体系提供可能性和必要性。在德智体美全面发展的基础上，实现更加完整、更加全面、更加系统的培养发展。

在党的二十大报告中习近平再次强调，全面贯彻党的教育方针，落实立德树人根本任务，培养德智体美劳全面发展的社会主义建设者和接班人，这是对 2018 年全国教育大会精神的一以贯之和高度总结。

早在全国教育大会上习近平就强调，培养德智体美劳全面发展的社会主义建设者和接班人，要努力构建德智体美劳全面培养的教育体系，形成更高水平的人才培养体系。从德智体美全面发展到德智体美劳全面发展，全面发展的概念不断深化和完善，进一步落实新时代立德树人这一教育根本任务，回答培养什么人、怎样培养人和为谁培养人这一教育根本问题。习近平的培养德智体美劳全面发展重要思想的贡献在于，一是将劳育正式纳入全面发展教育体系，明确德智体美劳五育并举、全面发展。相较之德智体美全面发展的教育理念，德智体美劳全面发展的教育理念更加完整、更加全面、更加系统。二是结合时代的新要求、劳动的新变化和教育的新问题，赋予德智体美劳五育新的时代内涵，把劳育摆在德智体美劳全面发展的重要地位。习近平关于教育的最新论述，为新时代建设教育强国、创新人才培养指明了方向和道路，通过系统阐释德智体美劳全面培养的重要意义和方法路径，为做好新时代劳动观教育提供了根本遵循和方法指导，为理解劳育在德智体美劳全面发展教育体系中的重要地位和作用提供了分析框架。

（二）德智体美劳五育的逻辑关系

学界关于德智体美劳全面培养的表述是存在争论的，比较普遍的说法有：第一种是认为德智体美劳五育不宜相提并论，劳育包含在德智体美其他四育中，不能作为与德智体美其他四育相并列的独立部分而存在。第二种是认为劳育与德智体美其他四育具有基础性关联，劳育是德智体美其他四育的重要基础，形成以劳育为基础的德智体美劳综合育人目标。第三种是认为德育与智体美劳其他四育具有基础性关联，德育是智体美劳其他四育的重要基础，以德育为首形成德智体美劳全面育人的内在合力。总的来说，对德智体美劳五育的内涵和内在逻辑关系的不同把握，直接或间接地影响对德智体美劳全面培养这一表述的判断。基于对德智体美劳五育的内涵和内在逻辑关系的再认识，笔者认为，一方面，劳育可以作为与德智体美其他四育相并列的独立部分而存在。劳育与德智体美其他四育具有不同内涵，存在逻辑上的并列关系，劳育与德智体美其他四育作为种概念从属于德智体美劳全面培养属概念。另一方面，劳育为首，劳育与德智体美其他四育具有基础性关联。这一基础性关联旨在，劳育是德智体美其他四育的重要基础，同时劳育与德智体美其他四育密不可分。无论是整个教育内容还是过程，都要在劳育统领下，协调德智体美劳各个领域和环节。

2018 年，习近平在全国教育大会上对德智体美劳五育做出具体指示。

一是在德育领域，要在加强品德修养上下功夫，教育引导学生培育和践行社会主义核心价值观，踏踏实实修好品德，成为有大爱大德大情怀的人。从狭义上来讲，德育即道德教育。从广义上来讲，德育应该包括世界观、人生观、价值观等思想教育，政治立场、政治信仰、政治态度等政治教育，以及道德规范、职业道德、行为规范等道德教育等内容。德育是按照一定的社会要求，进行思想的、政治的和道德的教育，以使人们掌握社会主义道德规范，形成共产主义思想品德。习近平提出"三大"的新要求，大爱大德大情怀充分体现了德育的具体规格要求，传达了以德塑形、以德塑魂、以德塑人的教育理念。大爱就是要爱党、爱国、爱人民。一切体验和感知都来自鲜活的、真实的个人，每个人的命运都同国家和民族的命运密切相关，只有坚持爱党、爱国和爱人民相统一，这种大爱才是鲜活的、真实的。大德就是要修德、明德、好德。大德既传承于中华民族五千年的优秀传统文化，又根植于中国特色社会主义的伟大实践，抓好修德、明德、好德的关键就是要崇德向善，践行为本。大情怀就是要有格局、有视野、有担当。既要在开放格局中萌生大情怀，又要在拓宽视野中升华大情怀，更要在担当使命中彰显大情怀。民心是最大的政治资本，只有大爱无疆，心系苍生的博大情怀，才能真正为人民谋幸福，为民族谋复兴。

二是在智育领域，要在增长知识见识上下功夫，教育引导学生珍惜学习时光，心无旁骛求知问学，增长见识，丰富学识，沿着求真理、悟道理、明事理的方向前进。要在培养奋斗精神上下功夫，教育引导学生树立高远志向，历练敢于担当、不懈奋斗的精神，具有勇于奋斗的精神状态、乐观向上的人生态度，做到刚健有为、自强不息。要在增强综合素质上下功夫，教育引导学生培养综合能力，培养创新思维。智育是对人的智力和理智、知识和见识的培养过程，通过对人类社会物质文明和精神文明成果的继承和发扬，提高自身思考、分析、创造等认识世界和改造世界的能力。没有智育，人类社会创造的物质财富和精神财富就无法延续，人类自身的发展将停滞不前，人类社会的前进将戛然而止。不仅要针对德育在加强品德修养上下功夫，还要针对智育在增长知识见识上下功夫，在培养奋斗精神上下功夫，在增强综合素质上下功夫。诸葛亮《诫子书》中说"非学无以广才，非志无以成学"，不学习就难以增长才干，不立志就难以学有所成，学和志对于增长知识、养成定力、明确志向具有重要作用。人类社会早已进入知识经济时代，要放眼"上下五千年"，围绕"纵横八万里"。一方面，要培育知识竞争力。既要重视知识的宽度，打破求知边界，又要重视知识的深度，避免陷入平面化、碎片化的知识陷阱。另一方面，要增加见识度。知而后识,知是获得信息,而识是具备见解,要在敏于求知、勤于学习、全于探索、勇于创新的过程中,成为具有个人标识、中国情怀、世界眼光和国际视野的人才。

三是在体育领域,要树立健康第一的教育理念,开齐开足体育课,帮助学生在体育锻炼中享受乐趣、增强体质、健全人格、锤炼意志。体育作为社会发展和人类进步的重要标志,是综合国力和文明程度的重要体现。体育不单是指竞技场上的体育运用,更是针对身体素质、运动能力的一种培养和训练,了解体育运动的基本知识,掌握锻炼身体的基本技能。日常体育在提高人民身体素质和健康水平、丰富人民精神文化生活、促进人的全面发展上有着不可替代的重要作用。特别是学校体育,2016年国务院办公厅印发的《关于强化学校体育促进学生身心健康全面发展的意见》指出,当前学校体育仍是整个教育事业相对薄弱的环节,对学校体育重要性的认识存在不足,学生体质健康水平仍是综合素质的明显短板。当前亚健康问题已经引发社会各界的广泛关注,强化体育是预防和消除亚健康的重要手段。体育的重要性可以从多学科视角得以确证,一是可以改善人的生物状况和机能,奠定适应社会的生物学基础;二是能够克服人的焦虑、懒惰、抑郁等心理疾病,从心理学上提高身体素质;三是从社会学角度,可以通过体育锻炼建立新的社会关系等。可以说,以体育人正是以一种健康的生命素质、生活态度和人生品格为个人和社会输送活力。

四是在美育领域,要全面加强和改进学校美育,坚持以美育人、以文化人,提高学生审美和人文素养。美育即审美教育,也包括感情教育、情操教育和趣味教育等内容,不仅能提升人的审美素养,还能提升人的情感、气质、胸襟和趣味等。作为美育的先驱们,1901年,蔡元培在《哲学总论》中首次引入美育概念，"美育者，应用美学之理论于教育，以陶养感情为目的者也"。① 1903 年，王国维首次系统阐释美育："真者智力之理想，美者感情之理想，善者意志之理想。完全之人物不可不具备真善美之三德。"② 由此可见，美育的总体致思是塑造求真、好善、向美的人。2018 年习近平在给中央美术学院 8 位老教授回信中指出：美术教育是美育的重要组成部分，对塑造美好心灵具有重要作用。做好美育工作，要坚持立德树人，扎根时代生活，遵循美育特点，弘扬中华美育精神。数天后，习近平就在全国教育大会上进一步做了具体指示。可以说，以美育人是旨在培养人感受美、鉴赏美、想象美的理解能力，并且创造美、弘扬美、传播美的实践能力，是对传统教育的实践延伸，更是对当下教育的审美把握。

五是在劳育领域，要在学生中弘扬劳动精神，教育引导学生崇尚劳动、尊重劳动，懂得劳动最光荣、劳动最崇高、劳动最伟大、劳动最美丽的道理，长大后能够辛勤劳动、诚实劳动、创造性劳动。劳育是劳动教育的简称。与劳动观教育不同，劳育的范围更大、领域更广，包括劳动技能、劳动观念、劳动习惯、劳动态度等方面的教育。可以说，劳育作为劳动观教育的属概念，劳动观教育是劳育的重要组成部分。劳育正是基于劳动技能的掌握，使人们树立正确的劳动观点、劳动态度和劳动习惯等劳动观。在学术界，在劳动观教育和劳动教育的使用上存在混淆杂糅、误认误用的事实，从某种程度上来说，劳育掩盖了劳动观教育的自身独立性，淡化、虚化了人们对劳动观教育的重视性认识。因此，充分认识劳育，特别是劳育与德、智、体、美其他

---

① 蔡元培. 蔡元培美学文选 [M]. 北京：北京大学出版社，1983：174.
② 王国维. 王国维全集：第 3 卷 [M]. 浙江：浙江教育出版社，1997：674.

四育的关系，有助于深刻理解和正确把握劳动观教育的重要意义。

早在 2015 年教育部等印发的《关于加强中小学劳动教育的意见》指出，要以劳树德、以劳增智、以劳强体、以劳育美、以劳创新，这充分体现了劳育的综合育人属性。首先，要以劳树德。苏联教育家苏霍姆林斯基认为，劳动是道德之源。德育为劳育提供真实的道德场景，劳育也为德育提供有效的实践场景，通过劳动形成稳定的道德认识、道德情感和道德行为。长期以来，知识传授是实现德育的主要途径和方法，这种德育方式对提高人的道德认知能力是有限的，而且即使具备丰富的道德认知，面对复杂的道德实践场域，道德辨识能力也可能会失灵。因此，劳育作为一种基于对人的本质认识而提出的教育思想和培养策略，为德育的发展提供了一种新的思路和新的实践形态。德育作为一个内化道德品质、外化道德行为的过程，可以通过劳动主体和劳动实践来形塑道德品质，规范道德实践，最终实现知行合一。从某种程度上来说，劳育之于德育的意义在于，正是在尊重劳动主体和重视劳动的基础上，我们才具备了创造新的道德的可能性。

其次，要以劳增智。无产阶级革命家陶铸认为劳动是一切知识的源泉，这是符合马克思主义理论的。人的智能来源于劳动实践，人和动物的区别就在于人会思考和劳动，并且两者缺一不可。相较之人的体力劳动，脑力劳动这种智能的输出，本身就是一种更高级的、更复杂的劳动形式。人的智力上的可塑性，不但解决了人的生存的"有限目的"，还解决了人的发展的"无限目的"。劳动过程作为发展体力和智力的过程，当进入复杂领域时，劳动力的调整和优化是不可避免的。单纯的经验积累变得不再可靠，通过知识和技能上的更新发展，劳动力的属性从经验型转变为科学型。马克思主义认为，用科学知识培养人的理性劳动技能，是一条个体摆脱束缚、压制、奴役的现实道路。因此，以劳增智的旨趣在于，不仅体现对人的知识技能的培养，还强调对人的本质力量的信仰和生命价值的认同。可以说，智育就是使人趋向真理的过程，但是要避开近代西方社会的合法化危机，不能对人的技术理性过度依赖，而忽视或超越人的劳动这一现实存在。

再次，要以劳强体。马克思主义认为教育与生产劳动要相结合，这是体育融入劳育的早期论断。体力劳动是以身体为重要载体的，以身体运动为基本方式的，适当的体力劳动有助于增进身体健康，提高体育效果。值得注意的是，教育与生产劳动相结合的真正内涵，并非简单地强调体力劳动这一具体的实践形式。《资本论》指出：生产劳动同智育和体育相结合，不仅是提高社会生产力的一种方法，而且是造就全面发展的人的唯一方式。体育要同以科学技术为基础的劳动相结合，而非单纯的体力劳动。对劳动形式越原始，劳动条件越艰苦，劳动强度越大，体育效果越好的认识，是将体育引向一种极端。1919年毛泽东青年时期发表的《体育之研究》一文提出"体育一道，配德育与智育，而德智皆寄于体""体者，载知识之车而寓道德之舍也""欲文明其精神，自先野蛮其体魄"等著名论断，之后把教育与生产劳动相结合提到教育方针的高度。

还有，以劳育美。"劳动创造美"是马克思主义美学的经典命题，出自《1844年经济学哲学手稿》"劳动创造了美，但是使工人变成畸形"这一重要论述。马克思主义美学认为艺术审美活动来源于劳动实践生活。劳动主体、劳动过程、劳动作品等都是展现审美感受力和艺术表现力的集中体现，在劳育中渗透美育可以使人发现美、感受美、创造美和传播美。同样出自《1844年经济学哲学手稿》的另一重要论断"人也是按美的规律来建造"，反映出劳动不仅体现了人的能动性，还从根本上遵循美的规律。通常当人们否定劳育与美育的关系时，有这样一种观念作为前提而存在，即劳动是物质性的，而审美恰恰相反，是精神性的。事实上，没有任何劳动是纯粹物质性的，即使是资本主义条件下的体力劳动，也往往伴随着情感的投入，但是劳动异化现实束缚、压制了情感。以此看来，审美并不排斥劳动，而且在一定程度上是以劳动为根源的，并且表现在劳动中。因此，以劳育美，就是要重塑劳动与审美的基础性关联，重新揭示劳动的美学意蕴和自由色彩。

总的来说，以劳树德、以劳增智、以劳强体、以劳育美是劳育的综合育人属性的重要体现。在一定程度上，德育体现了"善"的要求，智育体现了"真"的要求，体育体现了"健"的要求，美育体现了"美"的要求，而劳育则体现了"实"的要求。新时代背景下的社会发展和人才培养对"实"的要求越来越突出，实干兴邦、求真务实、脚踏实地等绝不是一般性口号。只有充分结合德、智、体、美其他四育"善""真""健""美"的具体要求，才能以劳育为基础共同服务于培养全面发展的人才这一目标。

四、形塑人的劳动精神："弘扬劳动精神"

（一）劳模精神、劳动精神、工匠精神的概念

劳动精神是人们在劳动中展现的精神状态、精神面貌、精神品质。作为中国精神的具体表达和时代精神的生动体现，劳动精神是坚持和发展新时代中国特色社会主义事业的精神动力，是把握和实现中华民族伟大复兴中国梦的精神旗帜。劳动精神作为劳动的精神层面，既要

体现出马克思主义理论的真精神，又要展现出人类劳动实践的时代性。马克思虽然没有直接界定出劳动精神的一般概念，但其著作蕴含着劳动精神一般概念的独特思想，即劳动是人的本质力量的逻辑展开，劳动精神作为劳动的精神层面是人的本质力量的逻辑延伸。列宁作为马克思主义的积极实践者和推进者使社会主义从理论走向实践，发扬共产主义的劳动精神，正是社会主义建设和共产主义建设过程中的重要行动指南。新时代赶考路上必须答且答好劳动精神这一时代考题，通过重塑劳动的精神力量，为实现人民日益增长的美好生活需要和中华民族伟大复兴中国梦树立精神旗帜。

习近平首次提出劳动精神并且对弘扬劳动精神做出明确要求，是2014年在乌鲁木齐接见劳动模范和先进工作者、先进人物代表时指出的，"我们要在全社会大力弘扬劳动光荣、知识崇高、人才宝贵、创造伟大的时代新风，促进全体社会成员弘扬劳动精神，推动全社会热爱劳动、投身劳动、爱岗敬业，为改革开放和社会主义现代化建设贡献智慧和力量。劳动模范和先进工作者、先进人物不仅要做好自己的工作，而且要身体力行向全社会传播劳动精神和劳动观念，让勤奋做事、勤勉做人、勤劳致富在全社会蔚然成风。"[①] 这是习近平首次提出劳动精神并且做出具体指示。劳动精神是习近平重要讲话精神，特别是关于广大劳动者重要论述的组成部分。人的精神是随着人类社会发展而不断丰富的，精神是由人创造的，也是由人提炼的。劳动精神的提出，彰显出劳动者在实践探索中的自主性、首创性、先进性等特征。正如黑格尔所说，理想的人物不仅要在物质需要的满足上，还要在精

---

① 习近平. 在乌鲁木齐接见劳动模范和先进工作者、先进人物代表 [N]. 人民日报，2014-04-30.

神旨趣的满足上得到表现。劳动模范和先进工作者、先进人物代表是劳动精神得以塑形和培育的成功典范，他们在劳动人格、劳动使命和劳动成就上对自身有着较高的要求，劳动精神从根基上有了崇尚劳动、热爱劳动、劳动光荣等人格化品质。与此同时，劳动模范和先进工作者、先进人物代表是劳动精神得以弘扬和传播的重要载体，为中国特色社会主义建设熔铸了巨大的感染力、改造力和生命力，助力全体社会成员铸魂为根，提气为要，培育具有鲜明的实践性、时代性、人民性等特质的劳动精神。

2015年，习近平在庆祝"五一"国际劳动节暨表彰全国劳动模范和先进工作者大会上的讲话时强调，要始终弘扬劳模精神、劳动精神为中国经济发展汇聚强大正能量；伟大的事业需要伟大的精神，伟大的精神来自伟大的人民。我们一定要在全社会大力弘扬劳模精神、劳动精神，大力宣传劳动模范和其他典型的先进事迹，引导广大人民群众树立辛勤劳动、诚实劳动、创造性劳动的理念，让劳动光荣、创造伟大成为铿锵的时代强音，让劳动最光荣、劳动最崇高、劳动最伟大、劳动最美丽蔚然成风。此次讲话，习近平从伟大精神的整体视野下，强调劳模精神、劳动精神的思想内涵和重要意义，既是深化和推动伟大精神的理论与实践的致思方向，又是新时代背景下凝心聚力、达成共识的重要方略。作为一个宏观性概念，劳动精神具有复杂的构成要素、宽泛的内涵辖域和复合的表现体系。从构成要素来看，劳动精神蕴含了辛勤劳动、诚实劳动、创造性劳动的多种理念；从内涵辖域来看，劳动精神涵盖了劳动光荣、创造伟大的思想精华；从表现体系来看，劳动精神涵括了劳动最光荣、劳动最崇高、劳动最伟大、劳动最美丽的综合概括。此外，从劳动精神的构成要素、内涵辖域和表现体系看，劳动精神是劳模精神的核心精神要素，爱岗敬业、争创一流、艰苦奋斗、用于创新、淡泊名利、甘于奉献作为劳模精神的丰富内涵，无不围绕着劳动精神这一核心。可以说，劳动精神是贯穿中华民族精神从无到有、从古至今的一条鲜明主线，所有与伟大劳动、伟大劳动者相关的精神内涵都要围绕着劳动精神这一主线而丰富发展。在时代变革和社会发展中，不可避免会出现一些精神过时或更新，但是，只要劳动人民的主体地位和劳动精神的核心地位能够维持稳定，整个民族的伟大精神系统就能保持稳定性、连贯性和持久性，整个民族的伟大事业体系就能保持开放性、时代性和发展性。

2016年，习近平在同知识分子、劳动模范、青年代表座谈会上指出，要在全社会大力弘扬劳动精神，提倡通过诚实劳动来实现人生的梦想、改变自己的命运，反对一切不劳而获、投机取巧、贪图享乐的思想。此次讲话，习近平再次强调要通过劳动，特别是诚实劳动来体现劳动精神。劳动是劳动精神生成的现实基础，经历着感性的现实观念到理性的精神抽象，再到现实的社会实践的运动发展过程，成为源于劳动、高于劳动、指导劳动的精神价值。在社会实践中，劳动和劳动精神并不能完全耦合，劳动中符合具体时代发展要求的部分能够转化成为劳动精神，而不符合具体时代发展要求的部分就不能转化成为劳动精神。比如，诚实劳动就经得起实践和历史发展检验，其向善性、归真性、原则性等特质能够升华为劳动精神；不劳而获、投机取巧、贪图享乐就经不起实践和历史发展检验，违背社会发展规律，背离历史发展潮流，就不能升华为劳动精神。因此，劳动行为要符合时代的精神需求和精神风貌，促进劳动精神在具体历史阶段的创造性转化和创新性发展。

2017 年，中共中央、国务院印发的《新时期产业工人队伍建设改革方案》中要求突出产业工人思想政治引领，大力弘扬劳模精神、劳动精神、工匠精神。这表明，劳动精神作为在历史沉淀和文化认同基础上形成的精神表达和精神升华，是新时期劳动者队伍建设的重要因素和有力抓手。劳动精神、劳模精神、工匠精神这些精神之间存在着不同的精神观照维度，但也呈现着一定的包含与从属的逻辑关系。首先，劳动精神与劳模精神之间有着整体和部分的内在逻辑关系。从主体范畴上看，劳动精神的主体是广大劳动者，劳模精神的主体是广大劳动者中的模范群体。模范群体是从属于广大劳动者的，因而，劳模精神也是从属于劳动精神的。从主体要求上看，劳动精神是作为一名合格劳动者的内在精神，劳模精神是一名优秀劳动者的内在精神。合格之于优秀体现了劳动精神的基本要求，而优秀之于合格体现了劳动精神的价值超越。其次，劳动精神与工匠精神之间有着共性与个性的内在逻辑关系。从矛盾范畴上看，劳动精神是广大劳动者的内在共性，工匠精神体现了广大劳动的内在个性。劳动精神一般表现为劳动光荣、热爱劳动、辛勤劳动等应有理念，而工匠精神通常表现为精益求精、超越自我、追求极致等特色理念。总的来说，劳动精神作为核心的精神要素，在内在逻辑结构中发挥着基础性、普遍性作用，并且在内在逻辑结构中表现出一定的功能关联，助推其他精神要素的生成和发展。

（二）劳动精神的哲学规定

马克思主义唯物史观认为劳动过程伴随着精神性的审美活动，劳动精神作为劳动的精神产物体现出人的力量。马克思对现实的人和现代社会的审视是从对劳动的揭示开始的，他对人的发展和未来社会的构想也与劳动密切联系在一起。因此，从这一源头解读劳动精神的规定性，一是要把握好人的物质实践生产是劳动精神的本体规定，突破传统抽象理性思辨和感性直观的思维限度直面现实基础；二是要把握好人的主观能动发挥是劳动精神的内在规定，经由人类物质实践的具体意志及其客观规定获得主观能动性和内在精神力量；三是要把握好人的自由全面发展是劳动精神的价值规定，自觉解构一切妨碍自身发展的异化现实。

首先，人的物质实践是劳动精神的本体规定。劳动是在马克思主义唯物史观视角下研究劳动精神的关键概念和重要起点。作为人与动物相区别的根本属性，劳动是人类首要的历史活动和实践前提。人类通过劳动创造本已世界和对象性的生活世界，由此生成和建构人与其他存在物共存共生的社会关系总体。黑格尔将自我意识看作人的一切精神活动的最高抽象，人成了一个没有具体内容的纯粹独立的主体。虽然费尔巴哈驳斥了黑格尔这种抽象理性思辨，但是他只是用感性直观的陈旧武器批判地改造黑格尔。只有马克思通过对人类生产劳动实践的研究破解了这一迷障，不仅超越了黑格尔作为绝对理念的自我意识的精神劳动，还同费尔巴哈的作为抽象类的人本主义直观感性划清了界限。马克思反对和批判基于理性的纯粹抽象领域来理解社会意识的传统思维范式，不是局限于将劳动精神消融于"自我意识"的思辨界限或是简单的感性直观，而是突破传统抽象理性思辨和感性直观的思维限度，直面和勾连作为社会意识的劳动精神的现实基础，从现实的人的物质实践来解释和揭示劳动精神的内在规定。劳动作为现实的人的历史性、物质性的实践活动，劳动精神产生和生成于具体的物质实践活动。在马克思主义唯物史观视角中，人的物质实践作为劳动精神的本体规定，即社会实践、社会交往和社会生活决定劳动精神的产生、形成和发展，劳动精神体现、彰显和凝结人类物质实践的具体意志及其客观规定，并经由具体的物质实践活动获得和实现其反作用的能动性。

其次，人的能动性发挥是劳动精神的主观规定。旧哲学之所以在人的主观能动性问题上陷入泥潭，在于他们找不到衡量主客统一的标准，不能达成现实与精神的感性互动。马克思对人的主观能动性的认识是从唯心主义和旧唯物主义剥离开来的，是创立新唯物主义的重要理论精华和带标志性的观念。物质生产实践是集客观物质性和主观能动性于一身的，他把物质生产实践作为评判的根本标准，在此基础上充分发挥人的主观能动性。从笛卡尔开始，西方近代哲学从柏拉图和亚里士多德为代表的本体论转移到认识论中心。"我思"作为对精神性自我本身的认识，笛卡尔的认识观念为人类至上的主体性奠定了基础，继而在德国唯心主义那里发展为主体性理论。在黑格尔那里，自我意识能动地"异化"出一切内容，但这种能动本身是基于纯粹独立的"主体"。马克思的哲学对象不同于黑格尔的抽象的客观绝对精神，他从唯心主义借鉴来的是把"客观绝对精神"改造为"主观能动精神"，在人的历史劳动中解释了人类认识的可能性，在主观能动的基础上解答了人的精神命题。劳动精神经由人类物质实践的具体意志及其客观规定获得能动性，这样唯心主义的抽象的能动性就转向为现实的人的实践活动的能动性。人化自然和人造自然被视为人的意识的一部分和人的精神的无机界，更是人的物质生活和实践活动的一部分。若人的自由自觉的主观能动性从劳动中清除掉，劳动就成了纯客观的运动，失去作为社会意识对现实的人的内在精神实质力量。要实现人的劳动的本体规定，本质上在于指导和支配劳动的主观能动精神必须合乎人道的价值观念，能最终实现人的解放和自由全面发展的社会理想。而资本主义劳动异化正是把人成为物质工具的奴隶，人的物质力量把人的精神意志化为乌有。

再次，人的自由全面发展是劳动精神的价值规定。人的劳动不只是为了当下生命的存在，更重要的是追求自身的自由全面发展。运用历史唯物主义的科学分析方法，马克思认为人类社会是由低级阶段向高级阶段运动、变化和发展的，最终要实现人的自由全面发展的共产主义理想社会。只有在生产力发展到一定程度时，一切非人性的存在条件被根本消灭时，才能把劳动者从物质的必然王国，进而从精神的必然王国中解放出来。而精神解放，也要自觉解构一切妨碍其自身发展的精神世界，与虚假的意识形态和落后的精神生产实行彻底决裂。由于劳动表现为一种历史性的活动、现实性的活动和世界性的活动，个人在精神上的丰富性完全取决于他的现实关系的丰富性。劳动精神在进行解放的过程中，必然要把自身的劳动世界、精神世界和劳动主体性等建构置于历史、现实和世界中去审视。劳动精神的解放是一种实现人的自由全面发展的逻辑必然和根本诉求，精神解放必然是一个包含劳动精神的解放的内在整体性结构，而人的解放必然是一个包含精神解放的内在整体性结构。作为以一定的方式进行生产活动的一定的个人，在实际活动过程中发生着一定的社会关系和政治关系。马克思认为无产阶级要实现自身的精神解放，并最终为人类的精神解放提供坚实的精神基础和精神力量。只有劳动者意识到自己在精神上和肉体上的贫困，意识到自己的异化、非人化时，精神解放才具有实现的可能性。如果不能在劳动中获得物质的丰富，进而在丰富的物质中获得精神力量，实现人的解放，又或是不能凭借这种精神力量，实现更进一步的物质的丰富，那么劳动精神在本体论、方法论及认识论上都无法达到唯物史观的高度。

五、增强人的劳动价值判断力："劳动最光荣"

（一）劳动最光荣、最崇高、最伟大、最美丽的概念

劳动最光荣、最崇高、最伟大、最美丽的概念的提出，既是一个重要的政治判断，又是一个极具哲学特质的价值判断。通过这一具有合理性、正当性、标识性的判断表达，集中体现出新时代劳动观的内涵性规定和阶段性质变。90多年来，在社会主义革命与建设的过程中，各种劳动观念此起彼伏，层出不穷。但是，党和国家始终把劳动光荣作为对劳动价值有无和价值大小的基本判断，形成了具有中国风格、中国气派和中国经验的劳动光荣观。当前中国特色社会主义进入新时代，在对劳动观评判的重新定位中，形成了以劳动光荣观为核心，以劳动崇高观、劳动伟大观、劳动美丽观不断丰富的劳动认识。这为我国探索更加具有教育特点、时代特征和中国特色的劳动观教育提供新的契机和活力。

2013年4月，习近平同全国劳动模范代表座谈时的讲话指出，一勤无难事，必须牢固树立劳动最光荣、劳动最崇高、劳动最伟大、劳动最美丽的观念，让全体人民进一步焕发劳动热情、释放创造潜能，通过劳动创造更加美好的生活。2013年10月，习近平同中华全国总工会新一届领导班子集体谈话时强调，在全社会大力弘扬我国工人阶级的优秀品质，让劳动最光荣、劳动最崇高、劳动最伟大、劳动最美丽的观念蔚然成风，让全体人民进一步焕发劳动热情、释放创造潜能，通过劳动创造更加美好的生活。价值观作为人们在认识、理解和判断人的活动所具有的价值属性时所持有的根本观点和看法，劳动的价值与人的价值是互为表里，彼此呼应的，充分体现出对人的发展的效用和意义。马克思把劳动放在第一位，实质上就是把劳动者——人放在主体地位，这是马克思关于劳动的价值和人的价值的立论主旨。劳动最光荣、劳动最崇高、劳动最伟大、劳动最美丽的观念注重以劳动价值为导向，并以此作为实现人的价值的重要举措。要用科学的劳动价值观来规范价值目标和调整价值行为，通过焕发劳动热情、释放创造潜能、创造美好生活来实现人的价值。

2015 年，习近平在庆祝"五一"国际劳动节暨表彰全国劳动模范和先进工作者大会上强调，一定要在全社会大力弘扬劳模精神、劳动精神，大力宣传劳动模范和其他典型的先进事迹，引导广大人民群众树立辛勤劳动、诚实劳动、创造性劳动的理念，让劳动光荣、创造伟大成为铿锵的时代强音，让劳动最光荣、劳动最崇高、劳动最伟大、劳动最美丽蔚然成风。2018 年，习近平给中国劳动关系学院劳模本科班学员的回信中再次强调劳动最光荣、劳动最崇高、劳动最伟大、劳动最美丽，倡导全社会尊敬劳动模范、弘扬劳模精神，让诚实劳动、勤勉工作蔚然成风。这一系列面向全国劳动模范、先进工作者的讲话，一是体现了要构建具有逻辑自洽性的劳动观，提升劳动理论的供给能力。随着改革开放的不断深入和社会主义市场经济的蓬勃发展，人们的思想观念、思维方式、价值取向也随之发生变化，从劳动光荣到劳动崇高、劳动伟大、劳动美丽的观念丰富，体现了劳动观不能固守传统的解释范式，要丰富自身的内容层次和基本结构。特别是在当今社会深度转型过程中，劳动观必须充分发挥价值引导、道德滋养、灵魂共鸣功能，增强社会主义主流意识形态的认同度。二是表明了要提供具有可操作性、能够被用于解释劳动中具体问题的解释框架。通过劳动观的解释力帮助人们增强认知、塑造品格，使人们在具体的劳动和优秀的劳动者中感受到其价值与功用。将社会主义主流意识形态转化为具体解释框架，在一定程度上，能够超越社会主义主流意识形态宣传窠臼，破解社会主义主流意识形态认同危机。

特别是习近平 2018 年在全国教育大会上发表讲话时强调，要在学生中弘扬劳动精神，教育引导学生崇尚劳动、尊重劳动，懂得劳动最光荣、劳动最崇高、劳动最伟大、劳动最美丽的道理，长大后能够辛勤劳动、诚实劳动、创造性劳动。劳动最光荣、劳动最崇高、劳动最伟大、劳动最美丽的观念根植于教育发展中不确定性中的确定性。根据布迪厄的说法，策略是"既不是计算理性，也不是经济必要性的机械决定，而是由生存条件灌输的潜在行为倾向，一种社会的构成的本能，在这种本能的驱使下，人们把一种特殊经济形式的客观上可计算的要求当作义务之不可避免的必然或感情之不可抗拒的呼唤，并付之于实施"①。正是在具有不确定性的劳动场域内，教育者用劳动最光荣、劳动最崇高、劳动最伟大、劳动最美丽的观念对受教育者进行习性灌输，最终受教育者以辛勤劳动、诚实劳动、创造性劳动的实践策略等给予回应。而马克思主义实践更是强调，在具有不确定性的劳动场域中，受教育者要在不断试错和纠错中实现实践创新目标，以非线

---

① 布迪厄. 实践感 [M]. 南京：译林出版社，2003：254.

性的结构确证一些结论，如辛勤劳动是可取的，好逸恶劳是不可取的，进而确证一些观点，如树立劳动最光荣、劳动最崇高、劳动最伟大、劳动最美丽的观念是科学的。正如马克思所说，"感性世界绝不是某种开天辟地以来就已存在的、始终如一的东西"，在实践对象化的过程中会受到众多问题的困扰，但是人可以发挥主观能动性消除实践活动的不确定性，通过确证一定的确定性来实现实践成功的可能。

（二）劳动光荣的哲学意蕴

劳动光荣说到底是价值评判和价值选择问题。对劳动有什么样的价值评判和价值选择，就有什么样的劳动观。从个体层面上讲，个体认为劳动是光荣的、崇高的、伟大的、美丽的，就是其认为有正面价值；个体认为劳动是耻辱的、卑贱的、渺小的、丑恶的，就是其认为有负面价值。从社会层面上讲，社会给予一定的劳动群体以荣耀、尊重、欣赏和赞美，那么他们的劳动行为和劳动观念就符合社会的主导价值；如果社会给予一定的劳动群体以抵制、批驳、否定和指摘，那么他们的劳动行为和劳动观念就不符合社会的主导价值。个体对劳动都有着自己的价值观念，社会作为一个整体必然有其主导的价值标准，个体的劳动价值观念与社会主导的劳动价值标准之间的契合度，就是衡量整个社会生产发展、劳动实践和道德秩序的重要指标。二者契合度越高，表明整个社会生产发展、劳动实践和道德秩序就越好。

光荣是一个极具哲学特质的价值判断。荣辱作为客观评价和主观感受的统一，光荣是一种肯定的社会评价和积极的情感体验。荀子在《荣辱》篇中对荣辱进行了系统而全面的论述，关注到荣辱背后更为深层、更为实质的问题，从人的存在形态视域考察了荣辱的价值维度。

《劝学》篇中的"物类之起，必有所始；荣辱之来，必象其德"，各种事物的发生，一定有它的起因；光荣或耻辱的到来，必定与德行相应。荀子依据德行性质对荣辱进行具体分类。《正论》篇中的"有两端矣，有义荣者，有势荣者，有义辱者，有势辱者"，将荣辱分为"由中出"和"从外至"，内在的荣辱是义荣和义辱，外在的荣辱是势荣和势辱。义荣是由于内在的德行带来的光荣，势荣是由于外在的权势带来的光荣，义辱是指由于内在的劣行带来的耻辱，势辱是由于外在的权势带来的耻辱。在荀子看来，义荣是真正的荣誉，有内在德行的人，有可能因为某种外在的力量而招致耻辱，但这却并非自身道德的原因，这种耻辱不能降低其自身的道德人格。"君子可以有势辱，而不可以有义辱；小人可以有势荣，而不可以有义荣"，表明人的义荣和义辱体现着道德的主体性，是由于主体内在的善恶、德行与劣行而获得的，只有人的义荣才是真正的光荣，真正的善、德行的体现。这就将荣辱提升到了人们安身立命的高度。"荣辱之大分，安危利害之常体。先义而后利者荣，先利而后义者辱。荣者常通，辱者常穷，通者常制人，穷者常制于人"，表明荣辱作为在义与利冲突中的价值选择，先义后利是荣辱的区分标准，求荣避辱是荣辱的价值取向。当下"以辛勤劳动为荣""以诚实劳动为荣""以诚实劳动为荣、以见利忘义为耻"等价值判断，与我国传统文化中的荣辱观一脉相承，充分体现了荣辱的辩证关系。坚持什么、反对什么，倡导什么、抵制什么，旗帜鲜明地划分了劳动是非、善恶、美丑的界限，是社会主义条件下劳动荣辱判断的高度概括和生动阐述。

崇高、伟大、美丽这些词汇同样赋予劳动一定的光荣深意。崇高和美的概念，康德美学中有着较为深刻地解读。在1764年发表的《论优美感与崇高感》，康德从崇高和美相对应的感性经验出发，概括出二者在具体事物中的不同特质，并回归人的内在本质来规定二者的实践价值。康德界定了崇高和美的概念，"崇高的性质激发人们的尊敬，而优美的性质则激发人们的爱慕……崇高的情操要比优美的情操更为强而有力，只不过没有优美情操来替换和伴随，崇高的情操就会使人厌倦而不能长久地感到满足。"① 他还肯定崇高和美的价值能够在不同程度上改善人和人类社会，成为一种"奇迹般的迷人之美"。劳动最崇高、劳动最美丽的观念，正是在尊重劳动主体和重视劳动的基础上，我们才具备了创造新的道德的可能性。在 1790 年发表的《判断力批判》中，康德对崇高和美的认识从经验感性提到了先验感性层面上，认为两者都既不是以感官的规定性判断，也不是以逻辑的规定性判断，而是以反思性的判断为前提。崇高和美建立在合目的性的差异上，崇高是与我们的判断力相违背的，是通过自己对感官利害的抵抗而直接喜欢的东西，这源于理性的力量，如文化修养、道德情操等，彰显着主体超越自然意识的理性精神。而美是与我们的判断力相契合的，对象和主体之间自然地形成一种和谐关系，是"想象力的游戏"，直接促进主体的"生命力"。朱光潜将康德的这种崇高理解为，"对自然的崇高感就是对我们自己的使命感的崇敬，通过一种'偷换'的办法，我们把崇敬移到自然事物上去"。② 伟大这一概念，尼采有着深刻的哲学理解。他认为伟大、伟大的人的特征是肯定、能动的反动，作为一个伟大的提问者，不问"是什么"只问"是哪种"的提问方式，使他在"成为哪种人"的疑问中直接区分出两种不同类型的人，即生

---

① 康德. 论优美感与崇高感 [M]. 北京：商务印书馆，2001：6.
② 朱光潜. 西方美学史 [M]. 北京：人民文学出版社，2003：364.

命力丰盈的人与生命力贫乏的人。伟大的本质在于超越自我，只有从生命本体中引出潜在之物，激发权力意志的肯定，不断发现、创造和超越自我，才能圆满生命存在的过程和意义。生命的意义在于活得伟大，而不仅仅是生存。因此，劳动的本质就是实现人的主体性，人们通过体面的、有尊严的劳动产生美、崇高和伟大的感受，在劳动人格、劳动使命和劳动成就上提出较高的要求，进而焕发生命力、增强使命感，不断超越自我、生成价值。

第四章　新时代劳动观教育的内容构建

研究新时代劳动观教育的内容构建，要根据时代发展的需要、劳动发展的趋势和社会发展的进程，明确新时代劳动观教育认知、认同、实践三个主要目标以及引领、育人、共情三大基本功能，重点归纳出新时代劳动观教育的内容旨要，具体为创新劳动教育、劳动幸福教育、职业分工教育以及劳动精神教育，这四个着力点是探究新时代劳动观教育的重中之重。

一、新时代劳动观教育的主要目标

劳动观教育的主要目标应该具体化为：一是劳动观教育的认知目标，即认识社会主义劳动；二是新时代劳动观教育的认同目标，即认同社会主义劳动；三是新时代劳动观教育的实践目标，即新时代条件下的劳动实践。通俗地讲，劳动观教育要经历"知""信""行"三个重要阶段。

（一）劳动观教育的认知目标

认知作为人们对某一事物概念的认识与判断过程，经历了从"知其然"的感性认识上升到"知其所以然"的理性认识。感性认识要通过人们的感受器官直观感受事物,虽然感受是具体的,但却是一种"生动的直观",停留在事物表象或者外部联系中。理性认识要通过感性形象的代入,促进理性思维的活跃,进而实现认识的深入。因此,劳动观教育的首要目标就是认知目标。这是因为,理论是源于实践的具有相对完整形态的理性认识。[①] 劳动观教育的认知目标,是促使劳动观成为全社会普遍认同的主流意识形态的首要前提,是推动劳动观指导全社会普遍参与劳动的重要基础。劳动观教育的认知目标,一般包含三层含义:第一层含义是清楚劳动观教育是什么。这是一个本体论问题,要认识到劳动观教育自身质的规定性,包括劳动观教育的性质、内容、特征和价值等;第二层含义是清楚劳动观教育的重难点是什么。这是劳动观教育的关键,要认识到劳动观的重要性和必要性,包括劳动观是什么、为什么树立社会主义劳动观、怎么样践行社会主义劳动观等;第三层含义是清楚时代的新要求、劳动的新变化、教育的新问题,特别是人面临的新困境是什么。这关系到劳动观教育的时代性、实效性和针对性,要根据时代、劳动、教育和人的变化发展,认识到劳动观教育的创新和发展。劳动观教育作为弘扬劳动精神、塑造劳动人格、培育劳动品质、涵养劳动情怀、磨炼劳动心智的社会主义主流意识形态教育,劳动观教育的认知目标直接影响和制约着为新时代中国特色社会主义建设培养什么样的劳动者、展开什么样的劳动实践这一重要问题。总的来说,认识到自己坚守什么理论,是劳动观教育实现认知目标的关键。

---

① 田心铭. 论马克思主义的理论自觉和理论自信 [J]. 马克思主义研究, 2012 (10): 5.

（二）劳动观教育的认同目标

认同是社会群体成员在认识和感情上的同化过程，也就是说个体或群体在感情上、心理上的趋同过程。最早由英国社会心理学家亨利·泰费尔提出，个体认识到他（或她）属于特定的社会群体，同时也认识到作为群体成员带给（或她）他的情感和价值意义。因此，劳动观教育的第二个目标就是认同目标。这是因为，建立在劳动观教育的认知目标实现基础上的情感认同目标，能够使人们以一定的劳动理想、信念、尺度等作为标准，达成劳动共识，并且能够化情于行，付诸劳动实践。人们通过接受各种劳动观教育，形成一定的社会发展需要和自身发展预期的知识体系，并且以此为基础对劳动观念进行认知、比较和选择。只有那些契合社会发展需要和自身发展预期的劳动观念，才会使人产生强烈得共鸣，才会被纳入自我价值体系中。因此，对劳动观念的认同是人们进行自觉劳动的最为稳定、深层的主体条件。在一定程度上，劳动观教育的认同目标可以具体化为个体认同、群体认同和社会认同。从社会学上讲，社会认同是个体进行自我认同的出发点，群体认同是个体进行自我认同的必经过程。对群体认同的认识，可以看成在个体认同的基础上形成的与群体相关的一种外在表现，对社会认同的认识，可以看成在个体认同的基础上和群体认同的过程后形成的与社会相关的一种外在表现。个体对群体的强烈认同，使得个体认同群体的价值、目标、要求，在行为和情感上更倾向于依赖群体、信任群体、尊重群体，进而在行为和情感上更倾向于亲近社会、适应社会、融入社会。从逻辑上讲，劳动观教育的认同目标，是从个体认同到群体认同再到社会认同层层递进的。因此，既要建构劳动者个体的我是谁、我为谁而劳动的身份角色归属，又要建构劳动群体的我们是谁、我们一同为谁而劳动的身份角色归属，更重要的是要构建劳动者和劳动群体对社会主义制度的自信心，对社会主义劳动观的体认性和对社会主义劳动的自觉性。

（三）劳动观教育的实践目标

实践是人类社会生存和发展的基础，是人类社会物质生活、政治生活和精神生活的基础。劳动观教育本身就是一种实践，它的实践性在于解决劳动观念和劳动实践的基本矛盾，实现劳动观念和劳动实践的有机统一。劳动观教育不仅仅是一种理论的思辨，更在于通过具体实践，实现劳动观教育的实效性。因此，劳动观教育的第三个目标就是实践目标。劳动观教育实践目标的特殊性在于两个方面，一是劳动的实践性，二是劳动观教育的实践性。一切教育，都是人在实践中主体改造客体、主体作用于客体的结果。劳动观教育作为一种肩负特殊任务的教育活动，其劳动观念是在劳动实践过程中逐步形成的，是在教育主体的引导下经由客体内化而形成的。劳动观教育作为思想政治教育的重要组成部分，"从实践中来，到实践中去"是思想政治教育目标实现的根本途径，更是劳动观教育目标实现的重要策略。对劳动的认知、认同为劳动观教育的最终形成提供了理论依据和方法论指导。从实践目标上讲，劳动形成人的本质，劳动是实现人全面发展的重要途径，教育与劳动相结合是劳动观教育的根本原则。实践目标的意蕴在于，在"以人为本，以劳动为基点"的统摄下，回归劳动世界，引导人们在劳动自觉中找准自我定位，在具体劳动场景中合理运用教育方法。反观传统劳动观教育，在人的主体性和工具性的辩证关系把握上存在一定偏颇，有些偏重劳动知识论而遮蔽了劳动生存性，有些偏重劳动工具论而忽略了劳动主体性。因此，劳动观教育的实践目标，既要对学科进行考察，立足劳动观教育的发展历程与构建过程，推进思想政治教育学科关于劳动观教育的实践探索，又要对时代进行考察，运用反身性方式审视反思人的劳动异化、劳动遮蔽、劳动缺失等现实问题，探索人的本质、思想和行动的实践演进。因此，劳动观教育的实践目标，要在应然的预设中，在规律必然性的限定中，即劳动观教育的实践目标应该是什么的指导下自觉劳动实践；也要在实然的参照中，在现实生成性的规定中，即劳动观教育的实践目标实际是什么的指导下更新劳动实践。

（四）认知—认同—实践目标的内在逻辑

马克思主义认识论认为，人类认识运动是一个辩证发展过程，经历了三个基本阶段：第一个阶段是从实践到认识；第二个阶段是从认识到实践；第三个阶段是从实践再到认识，再到实践，再到认识的无限循环。劳动观作为认识对象，也经历了上述三个基本阶段：第一个阶段是劳动认识内化为劳动认同；第二个阶段是劳动认同外化为劳动实践；第三个阶段是劳动实践固化为劳动认知和劳动认同。劳动观教育的目标要同劳动认识过程相一致。因此，劳动观教育的主要目标具体化为劳动观教育的认知目标、认同目标和实践目标，并且三者之间具有一定的内在逻辑关系。首先，劳动认知目标是前提和基础，是劳动认同和劳动实践的必要条件。劳动认识要内化为劳动认同，劳动认识是劳动认同的前阶段，劳动认知引导劳动认同方向；其次，劳动认同目标是关键和重点，调节着劳动认知和劳动实践的过程。劳动认同外化为劳动实践，劳动认同是劳动实践的基础，劳动认同向实践过渡。再次，劳动实践目标是目的和旨归，劳动认知和劳动认同最终都要转化为劳动实践。劳动实践检验劳动认知，劳动认知和劳动认同源于劳动实践，劳动实践是检验认知和认同的重要标准。可以看出，劳动观教育的认知目标、认同目标和实践目标环环相扣，步步深入。这三大目标的实现，能够有效地推进劳动观教育深入、根植和引导广大劳动者，使其教育精神实质被广大劳动者所认知、认同和实践。

二、新时代劳动观教育的基本功能

劳动观教育的基本功能表现在以下三个方面：一是劳动观教育的引领功能，对社会主义目标任务具有鲜明的指导意义；二是劳动观教育的育人功能，直接体现劳动教育的人本旨归；三是劳动观教育的共情功能，拉近对人对劳动的情感距离。

（一）劳动观教育的引领功能

所谓引领，原义是伸头远望，殷切期盼，出自《左传·成公十三年》的"我君景公引领西望曰：'庶抚我乎！'"，后引申为引导、带领，与引领词义相同。在现代用法上，起引领作用的人或事物通常被比喻成火车头。这是因为，引领具有引导、规范和制约的作用，就像火车头，既要牵引多节车厢，又要控制火车方向，还要发出制动信号。因此，引领作为一个运作系统，是一个复合的、多向的、互动的功能系统。劳动观教育的引领功能是劳动观教育功能的最本质体现，是由劳动观教育的性质所决定的。首先，劳动观的产生和发展都带有自身的内在规律性和客观必然性，用教育的方式引领劳动观，不能简单理解为用具有普遍性、广泛性的思想政治教育取代劳动观教育，而是要运用劳动观所包含的基本立场、观点和方法，通过其自身理论及其实践的影响，使劳动观教育的引领功能发挥，能够抓住重点，明确方向和突出主线。同时，还要运用主流意识形态阐释与劳动存在某种关联的观念，以适应新时代不同的劳动要求。此外，更要运用劳动主流意识形态来辨明存在一定冲突的观念，如一些错误的、落后的、过时的劳动观念，不断地进行抵制、削弱乃至消灭。只有这样，才能把握好劳动观教育引领功能的总体要义。劳动观教育引领功能的发挥，主要体现在宏观层面上。人类社会经历了封建社会、资本主义社会、社会主义社会等发展阶段，不同社会形态的国家都会建构自身的社会意识形态和社会意识形态教育。我国仍处于并将长期处于社会主义初级阶段，这需要我们每一个人继续付出辛勤劳动和艰苦努力，通过一定的社会主义意识形态教育引领和推动社会发展。当前劳动观在理论和实践上不断丰富和发展着马克思主义劳动思想，这样就明确了马克思主义劳动思想在劳动观教育中的指导地位，从而为社会主义制度的发展和完善奠定了理论基础。而劳动观教育也体现了社会主义中国的目标任务，那就是实现中华民族伟大复兴，实现人民日益增长的美好生活需要，对社会主义目标任务具有鲜明的指导意义。

（二）劳动观教育的育人功能

育人是思想政治教育中广泛采用的概念，育人功能作为思想政治教育的根本功能，直接体现了思想政治教育的人本旨归。育人功能的发挥，就要坚持以人为教育的主体和根本，以人为实践的主体和根本，以人为价值的主体和根本。通过一系列从人自身出发再回归到人自身

126

的教育活动，满足人的教育需要，促进人的全面发展。劳动观教育的育人功能，是思想政治教育育人功能在劳动观教育这一领域的具体体现，是劳动观教育功能的最核心体现。对劳动观教育育人功能认识由来已久，坚持劳动观教育始终是我国教育的优良传统，没有在革命、建设和改革时期的劳动观教育，就不可能培育一批又一批的社会主义建设者和接班人。虽然过程中出现过一些失误，比如在新中国成立初期错误理解"教育与生产方式相结合"的重要思想，以至于采取学工、学农、种地这些简单化、体力式的教育方式，但更多的是经验积累，比如肯定劳动者是新时期国家建设社会主义的急需人才，既包括以体力劳动为主的劳动者，也包括有社会主义觉悟的知识分子；纠正以往的一些失误，恢复脑力劳动和体力劳动都是劳动的观念，使以脑力为主的人重新获得劳动者称谓。要肯定劳动观教育育人功能发挥的直接性，劳动观教育依赖于个体功能的发挥，通过政策引导、榜样熏陶、实践锻炼、课程教学等方式直接作用于劳动者。比如每年"五一"国际劳动节的社论，对劳动者的观念、情怀、理想塑造和培育起着重要作用。没有劳动者的积极性、主动性和创造性的调动和发挥，劳动观教育的育人功能就无法实现。当然，不排除劳动观教育育人功能的发挥具有间接性特征，一些隐性的劳动观教育由于自身独特性使其育人功能表现出一定的间接性，比如人工智能这一命题，与劳动观教育属于不同领域，但是，由于人工智能涉及对人类社会和人类本质的新思考，当前人文社会科学界已经开始用哲学思辨、人文逻辑、教育旨归去诠释和解读人工智能：如何使哲学更好地服务于人工智能的研究，如何让劳动者更好地受益于人工智能的发展，如何让教育与人工智能更好地融合，使得劳动观教育的育人功能表现出一定的间接性。但这种间接性只是不同领域本身所形成的间接性，并不是劳动观教育育人功能发挥的间接性，就整个劳动观教育活动而言，仍然需要反思人工智能对劳动者、劳动环境、劳动关系等方面的影响，其作用发挥仍然具有直接性特征。

（三）劳动观教育的共情功能

共情最初是一个哲学概念。1873 年，费舍尔最初使用德语单词 Einfühlung，表达人们把自己的真实感受主动投射到客观事物上的一种现象。1909 年，铁钦纳把德语单词 Einfühlung 翻译为英语单词 Empathy，表达人们想象自己处于他人境遇的一种体验。1957 年，罗杰斯认为共情是个体体验他人精神世界如同体验自身精神世界的一种能力。此后，共情概念被引入心理学领域。对共情本质、结构的研究主要有三种，即特质论、体验论和认知—情感论，其中影响最大的是认知—情感论。1983 年，格莱德斯坦提出认知—情感两成分理论，认为共情包括认知共情和情感共情，认知共情是人们从认知上采纳另一个人的观念进入另一种角色，情感共情是人们以同一种感情对另一个人做出反应，这为研究共情提供了一种可行框架。劳动观教育共情功能的运用，有助于打破教育关系、劳动关系之间的壁垒，拉近人们对劳动观的认知距离和情感距离，促进人们对劳动观的自觉认知和自发认同，进而提升劳动观教育整体的亲和力，增强思想政治教育的实效性。一方面是劳动观教育的认同共情，将共情融入于劳动观教育理念的更新。另一方面是劳动观教育的情感共情，将共情渗透于劳动观教育情感的升华。劳动者对劳动观教育内容心有所感、情有所容、行有所为，激发劳动者在思想上、情感上、行为上的同向同行，从根本上达成对劳动观念的理性认同和情感共鸣。因此，劳动观教育的共情功能，就是在教育过程中以理服人、以情感人、将心比心，通过一种春雨润无声的力量走进劳动者内心，引导劳动者将社会主义劳动认识、劳动情感内化于心、外化于行，潜移默化地影响和改变劳动者的劳动观念，将劳动者培养成劳动认知、劳动情感、劳动理想、劳动情怀兼备的社会主义建设者和接班人。新时代下，习近平强调尊重劳动、尊重劳动者、尊重劳动成果，不仅要对社会上看不起普通劳动者、看不起体力劳动者的错误价值观进行纠正，还要在全社会形成任何时候任何人都不能看不起普通劳动者，都不能看不起体力劳动者的正确价值观导向。这需要劳动观教育运用共情的技巧，更需要劳动观教育表达共情的艺术，通过共情功能的发挥，既能准确表达劳动观念和劳动态度的共情认识，又能真实反映劳动关系和劳动现象的共情感受，进而增强劳动者的亲社会动机，享受劳动尊严、释放劳动情怀、增加劳动活力，形塑劳动精神。

三、新时代劳动观教育的具体内容

马克思在劳动发展史上找到了理解全部社会史的锁钥，在这个意义上，我们必须要坚持马克思主义劳动理论。以马克思主义劳动理论为重要指导的劳动观，其教育内容要求我们把握时代发展需要和社会发展进程。基于此，主要选取创新劳动、幸福劳动、职业分工、劳动精神四个着力点，探究新时代劳动观教育的具体内容和重点方向。

（一）新时代创新劳动教育

科技创新已经成为新时代的重要发展趋势，这表明创新劳动已经成为推动社会发展和变革的主导劳动形态。离开创新劳动就没有社会飞跃式的发展和革命性的变革，创新劳动教育有助于新时代劳动观的更新和发展，为社会巨大的发展和变革提供正确的理论指导。创新劳动为人们的认识活动和实践活动提出了新起点、新要求、新任务，从而拓宽了人类劳动认识的领域，延展了人类实践活动的层面。创新劳动在经济发展和社会进步中的突出作用，创新劳动在劳动形态中的重要地位，以及创新劳动者比重的大幅增长，使我们必须重视创新劳动教育这一重要内容。

什么是创新劳动？马克思从未直接使用过"创新劳动"这一概念，但他对创造性劳动的理解，是我们认识创新劳动的关键。简单劳动和复杂劳动是最基本的一对范畴，复杂劳动是"这样一种劳动力的表现，这种劳动力比普通劳动力需要较高的教育费用，它的生产花费较多的劳动时间，因为它具有较高的价值。既然这种劳动力的价值较高，它也就表现为较高级的劳动，也就在同样长的时间内物化为较多的价值"①。简单劳动是"每个没有任何专长的普通人的机体平均具有的简单劳动力的耗费"②。在马克思看来，复杂劳动比简单劳动的劳动力只是需要较高的教育费用和较多的劳动时间，换言之，复杂劳动只是自乘的、多倍的、多量的简单劳动。这并不足以体现创新劳动的内在本质。只有创造性劳动才是理解人和人类社会发展的决定性因素。马克思认为，物质劳动作为人类社会生活的物质基础，是人类其他社会活动的根本前提，人们凭借生产工具的媒介，通过自身的活动作用于自然界，按照预定的目的和计划把自然界之物变成满足人类需要的

---

① 马克思恩格斯全集：第23卷 [M]．北京：人民出版社，1956：223.
② 马克思恩格斯全集：第23卷 [M]．北京：人民出版社，1956：57-58.

劳动之物。然而，劳动绝不仅仅是指直接的物质劳动，在现实社会中直接参与物质劳动的只是一部分人。随着生产力的发展，在人类社会经历了多次分工，特别是脑力劳动和体力劳动的分工，引起人类劳动方式的巨大变化，从而揭开人类创造性劳动的新篇章。创造性劳动的主要特征在于，第一，创造性劳动离不开体力劳动向脑力劳动的转化。任何简单的体力劳动都离不开脑力劳动的指挥，在原始社会，体力劳动是人类劳动的主导形态，人们只需要付出极少的脑力劳动就可以达成目标。而在现代社会，脑力劳动已经日益成为人类劳动的主导形态，人们需要通过专业的知识、丰富的经验和精湛的技术才可能实现突破。创造性劳动正是在体力劳动向脑力劳动的演进过程中产生和发展的。第二，创造性劳动可以减少重复性劳动的产生，逃避重复性劳动的陷阱。重复性劳动是人类劳动的重要组成部分，重复性劳动的产生源于人类劳动的首次创新，但是重复性劳动的发展是人类劳动的首次创新的重复演绎和无限更迭。从一定程度上讲，与创造性劳动正相反，重复性劳动本身是没有创新意义的劳动。在人类社会早期，没有劳动者的直接参与，重复性劳动就无法进行。现代社会的发展，机器取代了劳动者的重复性劳动，劳动者从重复性劳动中解放出来，从而新的创造性劳动才具备一定的可能性。第三，创造性劳动经历了由少见到常见，由简单到复杂，由低级到高级，由局部到系统的过程。人类社会早期经历了几百万年的艰难历程，是因为人类智力和社会环境受到一定限制，创造性劳动极少发生。现代社会科学技术的迅猛发展，使得创造性劳动的内涵和外延发生了重大变化。可以说，科学技术活动的本质是人类的一种创造性劳动。没有创造性劳动的经常化、复杂化、高级化和系统化，人类社会就不可能有从茹毛饮血到玉盘珍馐、从穴居野处到琼楼玉宇、从刀耕火种到人工智能的变化，人类社会正是依靠着创造性劳动从蛮荒时代进化到现代社会。

　　基于以上认识，创新劳动在本质上是一种创造性劳动，体现了劳动的阶段性发展。从词组的功能看，"创新"直接体现出方式在"创"，目的在"新"。目前创新的应用领域十分广泛，渗透在社会发展的方方面面，知识领域有"知识创新"，科技领域有"科技创新"，管理领域有"管理创新"，等等，这些创新都是创新劳动在不同领域的运用。伊特韦尔认为，马克思领先于其他任何一位经济学家把技术创新看作经济发展与竞争的推动力，然而到了20世纪上半叶，只有熊彼特自己一个人继承和发扬这一古典传统。这个理解是片面的，马克思始终把技术创新看作是社会进步和经济发展的重要推动力量，他常用"劳动条件的革命""技术变革""机器为基础的生产方式的变革"等表述阐释技术创新。而熊彼特首次提出"创新理论"，认为创新就是执行新的组合，创新的主体是劳动者，创新的行为就是劳动者的表现。马克思和熊彼特理解差异在于，马克思对劳动者的理解始终是泛化的，认为凡是参与劳动的劳动者都有可能成为创新的主体；而熊彼特对劳动者的理解却是单一的，认为只有企业家才是创新的主体，企业家的天赋、才干和动机等是影响创新的因素。马克思理解的创新是一个自然的历史的过程，不仅表现为人的行为，还表现为人与人之间的关系；而熊彼特理解的创新仅仅体现为企业家自身的行为。如果说，熊彼特的创新是一种对生产要素更优化的配置，马克思的创新则是社会总体劳动更具体的含蕴。这是因为，熊彼特把劳动、技术等视为无本质差别的生产要素，生产被看作对劳动、土地等要素的新的组合，而马克思是基于劳动本体论的生产方式和生产关系，单单的新的组合缺乏劳动作为人的类本质的一种逻辑规定。劳动力是生产要素中最关键的要素，凡是参与劳动的劳动者始终是生产活动的主体，更进一步说，都有可能成为创新的主体。事实上，熊彼特是忽略了马克思劳动价值论的主体性分析，犯了西方效用价值论"见物不见人"的错误。因此，创新劳动本质上是一种创造性劳动，体现了劳动的阶段性发展，既内涵了劳动的本质规定性，又体现了劳动者的主体规定性。

伴随着人工智能时代的到来，创新劳动已经进入新的发展阶段，人工智能教育作为创新劳动教育的一个重要命题是十分必要的。2017 年 7 月 27 日，国务院印发的《新一代人工智能发展规划》中明确指出，要把高端人才队伍建设作为人工智能发展的重中之重，完善人工智能教育体系，形成我国人工智能人才高地。通过培育具有发展潜力的人工智能人才和团队，加强培养人工智能基础、应用、运行等方面的人才，重点培养人工智能理论、方法、技术等方面的纵向复合型人才和掌握"人工智能+"哲学、经济、管理等方面的横向复合型人才，在人工智能的若干领域形成一批高水平创新团队。我国已经将人工智能和互联网、大数据放在同等重要的位置，人工智能的发展，体现在互联网、大数据、人工智能和实体经济深度融合过程中。人工智能兼具社会属性和技术属性，不仅是推动社会发展的加速器，更是撬动经济发展的新引擎。人工智能作为经济活动的核心驱动力，将进一步释放巨大能量，并创造新的强大引擎，重构生产、分配、交换、消费等经济活动各环节。

高校是人工智能创新发展提供科技与人才支撑的重要平台。2018 年 4 月，教育部印发的《高等学校人工智能创新行动计划》指出，要加快人工智能在教育领域的创新应用，是实现教育现代化不可或缺的支撑动力。高校作为科技第一生产力、人才第一资源、创新第一动力的重要结合，要把创新引领、科教融合和服务需求摆在高校人工智能发展的核心位置，利用人工智能支撑人才培养模式的创新、教学方法的改革、教育治理能力的提升等。还要特别强调人工智能与高校教育的深度融合，进一步提升人工智能在教学模式、教学内容、教学方法、教育科研、教育管理等方面的创新发展，发展人工智能支撑下的教育新业态和新示范。

2018年10月，中共中央政治局就人工智能发展现状和趋势举行第九次集体学习。习近平强调，作为新一轮科技革命和产业变革的重要驱动力量，人工智能具有溢出带动性很强的"头雁"效应，要深刻认识人工智能的重大意义。作为一个新兴学科，人工智能具有多学科综合、高度复杂的特征，经历了从单一到多样、从简单到复杂的动态发展过程，这一过程离不开教育学、数学、生物学、物理学、信息学等多学科的研究创新。在人工智能发展的跑道上，我国要实现从"跟跑""陪跑"到"并跑""领跑"的超越，就要提高自主创新能力与发展创新型人才队伍建设，为人工智能发展提供充分的人才支撑和智力支持。他还指出要加强人工智能同保障和改善民生的有机结合，推动人工智能在人们日常工作、学习、生活中的深度运用。人工智能目前已经广泛应用于社会生活的各个领域，其功能和作用在某些方面已经远远超过人的智能。但是人工智能市场有待进一步开发，人工智能规模有待进一步扩大，人工智能普及有待进一步加强。人工智能的迅速发展将深刻改变人们的美好生活，要创造更加智能的工作方式和生活方式，使人们的学习、工作和交往在更智能的、更便捷的、更普遍的服务中受益。

创新劳动教育的意义在于，既要促进人的劳动本体论、认识论和价值观的统一，又要调动人的积极性、能动性和创新性的发挥。人工智能教育作为创新劳动教育的一个重要命题，为新时代劳动观教育注入了新的内涵，提供了新的方案。创新劳动教育与人工智能教育是具有一定内在逻辑性的。第一，就创新劳动教育与人工智能教育的逻辑关系而言，人工智能教育为创新劳动教育赋予了时代内涵，创新劳动教育为人工智能教育提供了理论基础。这是因为，人工智能是创新劳动的时代产物，创新劳动是人工智能的重要基础。人工智能对教育的影响已经得到各领域的广泛关注。教育的现实转向之一就是从智能教育到人工智能教育，劳动观教育作为智能教育和人工智能教育的基础，从人工智能这一热领域进行劳动观教育的冷思考是十分必要的。从劳动本体论、认识论和价值观出发，反思人工智能背后劳动的意义和创新劳动的力量，这正是人工智能教育赋予劳动观教育和创新劳动教育的意义所在。创新劳动教育是劳动观教育的重要内容，科学理解劳动和创新劳动的内涵，有助于解决劳动领域面临的新变化——人工智能劳动。人工智能教育的成功与否，在于创新劳动教育是否能够经得起时代的考验和实践的检验。人工智能教育作为劳动观教育领域的新内容，人工智能教育正是检验创新劳动教育成功与否的重要标准。只有创新劳动教育为人工智能教育提供科学的理论支撑，才能使人工智能劳动经得起新时代的考验和实践发展的检验。

第二，从创新劳动教育与人工智能教育的逻辑本质来看，创新劳动教育和人工智能教育是属人的，创新劳动教育和人工智能教育的核心内容，即创新劳动和人工智能也都是属人的。如前所述，劳动体现了人的本质特征，创新劳动体现了人的主体规定，这样就明确了创新劳动的属人性以及创新劳动教育的属人性。目前，具有争议的是人工智能的属性问题。笔者认为，人工智能是属人的，人工智能是对人的智能的模拟，是人的创新劳动的产物。与人的智能相比，虽然人工智能的产生和发展是为人的生存和发展服务的，但是人工智能却不能把握人类生存和发展的意义。人工智能并不具备自我意识，其技术创新、知识创新、人工智能劳动创新都是属人的，无法摆脱人创造物的身份而独立存在。这种情况下，人工智能就不会独立获得主体性。但劳动始终是源于人的生存和发展需要，创新劳动始终是围绕着人的生存和发展需要进行的。如果脱离了人的需要，劳动就会失去人的意义，创新劳动更会失去创新的意义，因而人工智能只是服务人的生存和发展需要。值得期待的是，对于人工智能的未来预判，并不能只看到人工智能单纯的吃、喝、住、穿等效用，而是要看到人工智能使人摆脱人的依赖性和物的依赖性，最终走向人的自由全面发展的更大、更丰富、更深远的可能性，这将是人工智能属人性的最终目的，更是创新劳动属人性的最终目的。随着人工智能的快递迭代，"人工智能威胁论"引发不少论战。笔者认为，担忧人工智能威胁确实为时过早，这不仅会破坏人工智能的社会形象，还会扰乱人们对人工智能的理性思考。面对"劳动在人工智能时代意味着什么""人工智能取代劳动是危机还是福利""是否到了重新定义'劳动'的时候"等一系列追问，不能脱离人工智能的属人性来回答，不能离开人的主体性来回答。人工智能教育的要旨，就是把创新劳动本质的人工智能属人性与劳动本质的人的主体性统一起来，在马克思劳动本体论、认识论和价值观的基础上，使人工智能教育和创新劳动教育相辅相成，使人工智能发展和人的劳动发展相得益彰。

（二）新时代劳动幸福教育

新时代背景下，习近平始终强调"人世间的一切幸福都需要靠辛勤的劳动来创造""劳动是财富的源泉，也是幸福的源泉""幸福不会从天而降，美好生活靠劳动创造"，还多次强调"幸福是奋斗出来的""奋斗本身就是一种幸福"。劳动幸福是基于劳动本体论的一种理解，不仅与人的幸福观、人生观、价值观密切联系，还与人的劳动观紧密相连。劳动幸福这一理念，从理论上来讲，能够使人树立正确的劳动观，把握好幸福与劳动的内在逻辑关系；从实践上来说，能够使人创造更大的劳动价值，使人的劳动更有尊严、更加体面。因此，我们必须重视劳动幸福教育这一内容。

教育的根本旨归是为了人的幸福，劳动观教育的总体致思就是劳动创造人的幸福。教育作为目的论和方法论的统一，对人的幸福理解，就是从本体论出发使人在教育过程中理解幸福的科学内涵，探究幸福的真正来源和获得幸福的有效办法。劳动幸福正是基于劳动本体论的一种幸福理解，使教育落脚到人的劳动本质这一核心问题上。毋庸置疑，幸福属于道德的范畴，而劳动不仅属于经济的范畴，同样也属于道德的范畴。因此，劳动与幸福之间存在着必然的内在联系。劳动幸福是劳动作为人的本质所蕴含的逻辑假设，只要承认这一前提——劳动是人的本质，就必然可以得出结论——劳动创造人的幸福。可以说，劳动幸福既包含了人的感官层面的心理体验，更包含了人之为人的深层意蕴。

在马克思主义劳动思想谱系中，劳动幸福作为一个重要的命题，主要从两个方面得以论证：一是确证劳动是创造人的幸福的源泉；二是揭露劳动异化是造成人的不幸的根源。通过正反对比论证，揭示了劳动与幸福之间的关联性，体现了对劳动本质和幸福本质的思考，蕴涵了人的劳动真理和人的幸福真谛。

对劳动幸福的正向论证，探讨了劳动创造人的幸福的必然逻辑。

马克思早在《青年在选择职业时的考虑》中认为，那些为大多数人带来幸福的人是最幸福的人，选择了最能为人类福利而劳动的职业，人才会是幸福的、有尊严的、有生命力的，重担就不会将其压倒。此时的马克思已经敏锐地发现了劳动的"幸福"基因，这就使他在其后的劳动研究中离不开"幸福"这条主线。恩格斯引用杜林的观点，本能的感觉，乃至整个客观世界，都是为了唤起快乐和痛苦而安排的。这种形而上学的思维方式使杜林走向了唯心主义先验论，但是，恩格斯将这一论述到了自觉地思维和行动的自然界。这是从马克思主义唯物史观探讨劳动和幸福的重要前提。无论是幸福的感觉，还是痛苦的感觉，不但不能脱离劳动本身，而且是由劳动本身创造的。经济学认为劳动是创造一切财富的源泉。但在马克思看来劳动的作用远不止这样，他认为劳动是人之为人的源泉。马克思的劳动幸福思想贡献在于，不仅阐释了劳动创造了一切物质财富和精神财富，还论证了劳动创造了人本身，实现了人的主体性，实现了人的幸福。马克思认为，人在生产中物化了个性，既在活动时享受了个人的生命表现，又在对产品的直观中感受到个人的乐趣。劳动是反映了人的本质的那面镜子，劳动的过程就是直接证实和实现人的本质的过程。作为人的主体力量的确证，劳动本身具有幸福的、乐趣的价值形态。马克思断言劳动是自由的生命表现，是生活的乐趣。要是劳动不能体现人的本质和自由生命，而只是得到生活资料的一种苟且手段，那么劳动就是一种被迫的活动，对人来说就是一种痛苦。这种痛苦在本质上只是一种劳动假象。

这种劳动假象——劳动痛苦，正是对劳动幸福的反向论证，探讨了劳动异化造成人的不幸的残酷现实。马克思在《1844年经济学哲学手稿》中直接阐述了劳动异化带来的不幸，在自己的劳动中不是肯定自己，而是否定自己，不是感到幸福，而是感到不幸，不是自由地发挥自己的体力和智力，而是使自己的肉体受到折磨、精神受到摧残。异化劳动对人来说，不是人的本质的体现。异化劳动是一种强制的、被迫的劳动，不是自愿的、自觉的劳动，在这种劳动状态下，人获得轻松、舒畅、幸福的体验是不可能的。马克思认为劳动创造了美，但使工人变得畸形，产生了智慧，但使工人变得愚痴。异化劳动是人使自己外化的劳动，不能体现人的内在本质，反而丧失人的内在本质。这就解释了为什么有人会逃避劳动，把懒惰当作最大的幸福，将劳动看成必须全力摆脱的沉重负担，认为劳动是一种自我牺牲、自我折磨、自我消解。因为这种劳动不是真正的劳动，真正的劳动只会给人带来美的体验和感受，按照美的规律去构建人的幸福生活。在《资本论》中，马克思质问劳动者的"幸福"已经成什么样子了。生活坏得不能再坏，劳动重得不能再重。这是资本主义条件下劳动幸福的骗局，消解人对"理性化为无稽，幸福变成痛苦"的清醒认识，没有对劳动者的悲惨状况表示丝毫的同情，相反地，却把劳动者描绘成最幸福的、最快乐的人。孟德斯鸠在《蜜蜂的寓言》中，认为有节制的生活和不断的劳动，对于穷人来说，是通往合理幸福的道路，对于国家来说，是通往富裕的道路。在孟德斯鸠看来，尽可能长的工作日和尽可能少的生活资料就会实现穷人的合理幸福。马克思质疑这种幸福的合理性。不断劳动带来的不仅有物质的不幸，还有精神的不幸。国家的富裕建立在个人的不断劳动且日益不幸的基础上。这一所谓"合理的幸福"本质上是不合理的。边沁认为实现"最大多数人们的最大利益"或者"最大多数人们的最大幸福"，资产阶级社会中可以达到普遍的"幸福"。但马克思直言，这是将"利益"作为唯一道德基础的判断，将幸福等同于利益，将大多数人等同于资产阶级，并不能实现真正意义上的普遍的幸福。相反地，富有和贫穷的对立并没有在普遍的幸福中得到解决，反而更加尖锐化。因此，劳动幸福教育要坚持以马克思主义劳动幸福思想来确认人的本质力量，澄清人的不幸现实，形塑人的幸福体验。

对于劳动幸福的这一思考，国内外早已提出体面劳动的概念。体面劳动要求体面、尊严和幸福成为劳动的底色，可以说，体面劳动是劳动幸福实现的关键。1999 年，第八十七届国际劳工大会倡导促进男女在自由、公正、安全和具有人格尊严的条件下，获得体面的、生产性的工作机会，主张维护劳工的各项权益。2005 年，联合国大会提出为所有人提供生产性就业和体面劳动，明确把体面劳动作为联合国多边系统推动实现千年发展目标之一。胡锦涛在 2008 年"经济全球化与工会"国际论坛上强调，让广大劳动者实现体面劳动，在 2010 年全国劳动模范和先进工作者表彰大会上再次强调，切实发展和谐劳动关系，建立健全劳动关系协调机制，完善劳动保护机制，让广大劳动群众实现体面劳动。习近平先后在 2013 年、2015 年庆祝"五一"国际劳动节时强调，排除阻碍劳动者参与发展、分享发展成果的障碍，努力让劳动者实现体面劳动、全面发展。可以看到，体面劳动作为一种全新的劳动理念，是以劳动者为本的劳动观。这种全球性的共识，体现了不同社会制度下劳动者的普遍需求。劳动的工种、行业和类别都不能被体面劳动边缘化。体面劳动之所以是劳动幸福实现的关键，是因为其将劳动与人的体面、尊严和幸福紧密联系起来，远远超出了纯粹谋生的范畴，不仅强调人在劳动过程中的愉悦，还重视人的劳动成果的丰盈。体面劳动体现出人的自由意志和人格，只有体面劳动才能充分彰显劳动者的尊严性，使劳动者体会到幸福感和满足感。因此，体面劳动是实现劳动幸福的一个关键性因素。

虽然劳动幸福是新时代以来进入教育话语体系的，但这一提法更直接、更深刻、更通俗地表达了劳动观的具体内涵。而劳动光荣教育作为劳动幸福教育的前奏曲，早在社会主义发展初期就已经出场。劳动光荣和劳动幸福都是对劳动的褒扬和赞美。不同的是，劳动光荣强调的是劳动者从外部获得的一种荣誉，通过外在的劳动成果体现出一定的荣光。劳动幸福是劳动者从内部获得的一种肯定，这种肯定不仅包括了外在的荣光，还包括了内在的自我确证。从劳动光荣教育到劳动幸福教育的价值转变，是劳动价值观念更高阶段的发展表现，是劳动观教育对人的本质的回归。

劳动的价值观念从劳动光荣转向劳动幸福，离不开内因和外因的作用。从外因来看，社会历史条件发生了新变化。马克思唯物史观认为社会存在决定社会意识，社会历史条件作为社会劳动观念的生成土壤，直接决定了社会劳动观念的现实转向。劳动离不开经济视域和生产领域，从计划经济到市场经济的转变直接影响了人们对劳动的价值判断。计划经济作为社会主义建设初期的主要经济形态，在一定时间内要求集中力量办大事，推动经济实力快速增长。在这个阶段，社会主义的集体价值观要求人们为集体劳动。评价人们的劳动是否有价值、是否道德、是否正义都取决于集体。集体劳动要优先于为个人劳动，只有集体给予赞美和褒扬的劳动，才是有价值的、道德的、正义的。然而，改革开放以来市场经济作为一种资源配置方式，使人们劳动的评价原则和标准发生了转向，在社会主义集体价值观的基础上强调劳动是个人与社会的统一。值得注意的是，这并不意味着集体主义让位于个人主义，个人利益超越集体利益。人们的出发点不只是为集体而劳动，更是为自己而劳动，为自己的幸福、快乐而劳动。

从内因来看，社会劳动形态发生了新变化。有什么样的社会存在就有什么样的社会意识，有什么样的劳动就有什么样的劳动价值观。随着社会的发展劳动形态呈现多样化，经历从体力劳动向脑力劳动、简单劳动向复杂劳动、非创造性劳动向创造性劳动的转向。社会主义初级阶段体力劳动、简单劳动和非创造性劳动所占比重较大，劳动光荣更多地强调对一般劳动的尊重，以及对一般劳动创造的物质财富的认可。甚至在一定阶段，使得体力劳动和脑力劳动呈现紧张的对立状态，在过分强调体力劳动的同时错误贬低脑力劳动。随着科学技术的不断进步，脑力劳动者、复杂劳动者和创造性劳动者对社会价值的创造更大，对人的全面发展的贡献更大。劳动幸福更多地强调人们的劳动是否更能实现自己、是否更有创造价值。当然，无论是体力劳动还是脑力劳动都值得尊重，也都能实现劳动幸福。只是脑力劳动、复杂劳动和创造性劳动更有助于开发人的劳动潜能，激发人的劳动创造，并由此而获得一定的幸福体验。可以说，劳动的价值观念伴随着社会历史条件和社会劳动形态的变化而变化，劳动幸福不是劳动光荣的否定，准确地说，是劳动光荣的丰富和超越，意味着人的劳动更有意义、更有价值。

因此，劳动幸福教育是劳动观教育对人的价值吁求和幸福启蒙，指向人的本质、人的存在、人的发展的价值性实践，更是凸显人的幸福或者是更幸福的人的幸福感体验。从哲学层面上看，劳动幸福教育是具有人道主义精神和情怀的，不仅是满足肉体需求，顺应自然世界，更是达到自由和美的总体性超越。人的劳动认识不再受限于肉体和自然，而是把人的劳动认识触角深入到人性和审美领域。劳动蕴含着人的情感性、丰富性和完整性等品质，劳动幸福作为人的最深刻、最美好的体验方式和审美观照,一些劳动观教育片面强调劳动的工具理性,把劳动推向价值零度的深渊。劳动被当作获得"世俗幸福"的工具,但在功利、世俗、工具的裹挟下,劳动与幸福的共生关系逐渐被打破。在"世俗幸福"的追求下,由于人的劳动状况、生活状态、审美方式等方面的差异化,人们往往陷入"什么样的劳动才是幸福的"这一命题的陷阱。这样导致的后果就是,劳动认识很难摆脱工具价值的窠臼,无法将劳动幸福规定并理解为统一的图景,劳动幸福在异化、虚化的同时人也随之异化、虚化。因此,劳动幸福教育就是要重建人的价值呼吁和幸福启蒙,塑造一种基于人的自由和审美的劳动可能。

（三）新时代职业分工教育

分工作为一种活动形式,存在于社会生产活动的各个领域。职业作为社会分工和劳动分工的产物,与人们的社会生产和社会生活息息相关。当前职业分工愈加精细化、强度化、效率化,既带来了生产率的提高和生产力的进步,也加剧了社会不平等和不公正的现象。要想最大程度实现人们各尽所能、各得其所而又和谐相处,就必须正确认识职业分工这一问题,充分发挥职业分工的积极作用,努力克服职业分工的消极影响。中国特色社会主义新时代的到来,职业分工应该成为满足人们的美好生活需要和职业生涯需要的必要条件。这是由劳动的社会主义性质和劳动者的主人翁地位所决定的,职业分工消除了阶级剥削、阶级压迫,不同职业的劳动者的社会政治地位是平等的。这就是为什么习近平多次围绕劳动、围绕职业等内容进行劳动观的深刻阐述,劳动没有高低贵贱之分,每一份职业都很光荣,要立足本职岗位劳动。因此,我们必须重视职业分工教育这一重要内容,正确认识职业背后的劳动分工问题，处理好体力劳动和脑力劳动的关系。这对于广大劳动者立足本职岗位创造更大的劳动价值，形成理性的、和谐的、平等的劳动观具有积极意义。

马克思主义认为，职业分工作为一种社会现象，与社会分工和劳动分工具有密切联系，这就有必要先来了解下什么是分工。从唯物史观来看，分工是理解人类社会历史的关键，可以划分为三个阶段，即自然分工、自发分工以及自觉分工。"分工最初只是性交方面的分工，后来是由于天赋（例如体力）、需要、偶然性等等而自发地或'自然地产生的'分工。分工只是从物质劳动和精神劳动分离的时候起才开始成为真实的分工。"①分工贯穿着人类历史发展过程，不同历史阶段产生的分工也不尽相同，只有自然分工基础上产生的物质劳动和精神劳动的分离，才是真正分工的开始。这种分工不可避免地产生了一系列矛盾，产生了私有制，加深了资本与劳动之间的矛盾，体现了人与人之间不平等的分工关系。从本质上讲，分工和私有制是两个同义语，一个是就活动而言，另一个是就活动的产品而言，只要分工还不是出于自愿，那么人本身的活动对人来说就成为一种异己的、与他对立的力量，这种力量驱使着人，而不是人驾驭着这种力量。自发分工使人的劳动成为一种异己的、与自身相对的力量，只有在共产主义社会这种分工得以消灭后，"任何人都没有特定的活动范围，每个人都可以在任何部门内发展，社会调节着整个生产，因而使我有可能随我的心愿今天干这事，明天干那事，上午打猎，下午捕鱼，傍晚从事批判，但并不因此就使我成为一个猎人、渔夫、牧人或批判者"。②

① 马克思恩格斯全集：第3卷［M］.北京：人民出版社，1956：35.
② 马克思恩格斯全集：第3卷［M］.北京：人民出版社，1956：37.

可以说，自发分工的消灭和自觉分工的实现，正是建立在生产力高度发展和私有制彻底消灭的基础上进行的。自发分工到自觉分工的转向，也正是人在全面发展基础上的自由、自觉的转向，最终使人的劳动、人的关系、人的职业重新回到人本身。自发分工导致了体力劳动和脑力劳动以及从事体力劳动和脑力劳动的人的尖锐对立。体力劳动被看作卑贱的活动，体力劳动者处于被剥削、被统治的地位，脑力劳动被看作高贵的事业，脑力劳动者为剥削阶级、统治阶级的利益服务。自觉分工意味着束缚人们的奴隶般的分工消失，消除体力劳动和脑力劳动以及从事体力劳动和脑力劳动的人的尖锐对立，一个人既可以自觉从事打猎、捕鱼、放牧成为体力劳动者，又可以自觉从事批判成为脑力劳动者，最重要的是成为人本身。因此，以分工为出发点，能够更加深刻地认识职业分工的必然存在，也更加深刻地论证体力劳动和脑力劳动的必然逻辑。

值得注意的是，马克思主张消灭分工，并不主张消灭一定意义上的自觉分工，而是要消灭一定社会历史条件下的自然分工和自发分工。因此，马克思并不主张消灭一定意义上的职业分工，职业分工作为建立在个人自由劳动基础上的相对固定化分工，这种分工是建立在自觉分工基础上的，是职业分工存在合理性的重要前提。这样就明确了职业分工的基本内涵，一是自觉分工，二是相对固定化分工。第一，自觉分工是职业分工的本质内涵。自觉分工意味着，生产力和生产关系不再作为异己的力量支配职业分工。按照马克思、恩格斯的构想，共产主义社会将彻底消除脑力劳动和体力劳动之间的对立和差别，实行各尽所能、按需分配，真正实现每个人自由全面的发展。这一切都是建立在自觉分工的基础上，无论是体力劳动还是脑力劳动的分工，无论是从事打猎、捕鱼、放牧还是批判，无论是成为猎人、渔夫、牧人还是批判者，都不存在异己的力量对人的劳动的支配以及对人的职业的强制。自觉分工体现了职业分工的本质，那就是建立在自觉劳动基础上，克服了劳动异化和人的异化的限制。第二，相对固定化分工是职业分工的具体内涵。"社会活动的这种固化，我们本身的产物聚合为一种统治我们的、不受我们控制的、与我们愿望背道而驰的并抹杀我们的打算的物质力量，这是过去历史发展的主要因素之一。"① 这里固化指的是异化的固化，虽然曾经是推动历史发展的主要因素之一，但是却不受人的自身控制，抹杀人的物质力量。而职业分工根据个人的天赋、知识、能力、兴趣等进行合理分工，虽然个人会受到一定的天赋、知识、能力、兴趣等限制，但是这种限制是个人的自我限制，而不是外部的异己限制。人们总会根据自己有限的天赋、知识、能力、兴趣等去选择职业、从事劳动，这就是职业的相对固定化分工。马克思所说的，使人有可能随人的心愿，今天干这事，明天干那事，在一定程度上意味着，人的全面发展能够使人在职业选择上具有更大的可能性。总的来说，职业分工是自觉分工和相对固定化分工的有机统一，自觉分工是相对固定化分工的基础，相对固定化分工是自觉分工的体现。

职业分工具有分化功能，体现着职业的专门化、具体化。但不能忽略的事实是，职业分工还具有整合功能，体现着职业的群体化、合作化，这在涂尔干的《社会分工论》中得到详细阐述。社会密度的恒定增加，社会容量的普遍扩大，会导致相同的职业谋生面临着残酷的竞争，在这种压力下各种专门的职业领域就会迅速而又完备地形成。

---

① 马克思恩格斯全集：第3卷 [M]. 北京：人民出版社，1956：37.

职业专业化的产生和发展，使得不同职业领域的人们相似性降低、异质性增大，个体成员的个性得到发展，个人的独立性逐步增强。与此同时，职业专业化不仅造成了社会成员之间的差异，还带来了全社会的普遍的相互依赖与合作，为社会团结与整合提供了新的基础。因此，涂尔干提出一种社会整合的新的途径和方法，即创建新型的职业共同体。他认为，经济生活每天都在发展变化，政治社会和国家权威都难以顾及，只有作为个人和国家之间的协作者的职业群体，才能承担重任。首先，针对失范的分工，他认为分工直接产生职业，不同职业共同体之间在精神和道德上存在很多分歧。但是，同类群体有共同的奋斗目标，有共同的生产生活空间，有互动的需要和交流的机会，这些人倒是有可能团结起来，并且在职业规范的作用下，能够约束人们行为的权责系统建立起来了。因此，要想建立一个更大规模的社会，就必须以分工的发展为前提，用职业共同体进行社会整合。其次，针对强制的分工，他认为需要建立公正的、具有道德性质的行为规范，只有公正公平的规范才不会打击职业群体内绝大多数人的积极性。这种规范的功能在于防止共同意识、社会团结发生任何动摇。因此，分工并不是表面上看起来的那样，分解社会，破坏团结，而是社会团结形成的动力，同时将分工基础上形成的职业，变成了道德秩序的基础。再次，针对反常的分工，他认为社会资源和各种资本无法有效利用，不利于社会的整合和良性运行。因此，这种社会整合要追求利益最大化的目标指导，协调职业群体之间的关系，及时调整各种职业规范和制度，使社会各部分各尽其能，各得其所。总而言之，涂尔干针对工业社会来临所带来的社会失范，建立职业群体和规范体系，在他看来，现代社会的发展将会形成一种新的社会团结形式，即有机团结，这种团结将通过以分工为基础的职业群体的整合而得以实现。

涂尔干的职业分工思想是以分工为基点进行探讨的。相较马克思的职业分工思想，涂尔干的职业分工思想比较"温和"，对于当下职业分工教育具有一定的借鉴意义。正如涂尔干认为，每个人的才能有所不同，有些人比其他人更有天赋，最有才能的人必须担当最有价值的功能。也就是说，人的能力是有差异的，因而，职业分工也必然是有差异的。这就需要让适当的人去承担适当的工作，让最有才能者去担当最重要的工作，让相对弱的人去承担较轻的工作，从而形成职业角色的适当比例，这也是职业分工的基本原则。

新时代职业分工教育有几个不能忽略的事实。第一，职业分工必然是由劳动的社会主义性质和劳动者的主人翁地位所决定的。职业分工不再体现剥削与被剥削、压迫与被压迫的关系，消除了阶级剥削、阶级压迫的性质。职业分工发生了深刻变化，体现了社会主义国家里主人与主人的关系，不同职业的劳动者在社会政治地位上是平等的，因而不会因为职业分工的差异在政治上屈服于他人的剥削、压迫。"阶级决定他们的生活状况，同时也决定他们的个人命运，使他们受它支配。这和个人屈从于分工是同类的现象，这种现象只有通过消灭私有制和消灭劳动本身才能消除。"① 阶级性质决定了人的自身命运和职业分工，资本主义社会的职业分工同社会主义社会的职业分工性质完全不同，共产主义社会的职业分工更是一切职业分工的扬弃和超越。第二，因为社会主义劳动还不能成为生活的第一需要，依然具有谋生性，所以需要借助一定的职业才能实现。人们选择某种职业，很

---

① 马克思恩格斯全集：第 3 卷 [M]. 北京：人民出版社，1956：61.

大程度上是出于谋生的需要，而不是出于个人自由意志。人们一旦获得某种职业，就要在特定的范围内固定下来，一旦超出特定的范围，就会失去谋生的条件和可能。在现阶段，个人在固定的工作岗位上进行劳动，职业分工的劳动强制性依然存在。但是值得注意的是，这种职业分工不同于私有制社会的职业分工。在私有制条件下，职业分工把人视为机器的奴隶和金钱的附庸，资本家为了增殖才雇佣劳动者，劳动者为了生存才屈从资本家。第三，生存仍然是人们从事职业、进行劳动的重要目的，但是早已不是唯一旨趣，更不是最高旨趣。通过职业实现人的价值，实现全面发展，已经成为劳动者的普遍要求。虽然在通常情况下，人们还是在固定的工作岗位上进行劳动，职业分工依然限制着人们的劳动领域，但是人们可以在有限的职业范围内，通过激发个人的能动性、创造性，克服劳动的重复性、单调性，发挥更大的个人价值，甚至通过发展个人的某一特殊劳动能力，成为一定职业领域的专家，创造更多的劳动价值。这就是马克思所说的，每个人只能干一种行业而不能干多种行业，如果他什么都干，一样都干不好，结果一事无成。这一职业分工，既存在着对人的强制性和固定性，也存在着对人的完善性和发展性，是人实现自由全面发展的必由之路。第四，无论从事哪种职业，劳动者的社会地位是平等的，但并不意味着职业分工只有统一，没有差别。在职业分工系统中，不同的职业在社会生产中占有不同的位置，发挥不同的作用，因而创造不同的价值。职业范围的大小，职业责任的大小，在客观上决定了职业价值的差异性。因此，劳动者会重视个人职业的选择，这就解释了为什么有些职业人满为患，有些职业鲜有问津。即使是在同一职业内，有的劳动者创造的价值大，有的劳动者创造的价值小，劳动者的天赋、才能、态度等主观因素，直接影响着职业价值的创造。因此，劳动者在进行职业选择时，与其说是为了谋求更多的利益，不如说是为了创造更大的价值。总的来说，在职业分工系统中，每个职业都是社会主义建设不可缺少的部分，职业分工意味着劳动者的责任、义务、权利、天赋、才能、态度等履行情况，要具体到自身的职业岗位上来。职业分工教育的成功与否，将直接关系到人们的劳动观念、劳动态度落实到具体岗位上的成败。

（四）新时代劳动精神教育

劳动精神作为中国精神的具体表达和时代精神的生动体现，是扎实推进新时代中国特色社会主义教育事业的精神动力，体现出新时代中国特色社会主义劳动教育的新思路和新要求。当代劳动精神既要展现出人类劳动实践的时代性，又要体现出马克思主义理论的真精神。马克思对人的审视是从对劳动的揭示开始的，虽然他没有直接界定劳动精神的一般概念，但其著作蕴含着劳动精神一般概念的独特思想。从马克思主义唯物史观出发理解新时代劳动精神教育，对于重塑劳动精神有着重要的理论和实践意义。

首先，劳动精神的实质是劳动本质的人的精神。马克思始终关注的是现实的人的劳动。马克思在其著作中多有论述，在《1844年经济学哲学手稿》中，马克思认为有意识的生命活动把人同动物的生命活动直接区分开来。有意识的生命活动就是指人的生产劳动，正是在生产劳动中，人才能把自己的生命活动变成意识的对象。到了《德意志意识形态》中，马克思认为劳动是人的本质的体现，当人们开始生产自己的生活资料的时候，就开始把自己和动物区别开来。在《劳动在从猿到人转变过程中的作用》中，恩格斯认为劳动是人的最根本的特征，人通过他所做出的改变来使自然界为自己的目的服务，来支配自然界，劳动是人同其他动物的最后的本质的区别。可以说，劳动是人的本质活动这一论断，是马克思主义唯物史观的重要基石。

劳动作为人的本质活动，是物质生产劳动和精神生产劳动的统一。在《德意志形态》中，马克思认为思想、观念、意识的生产是直接与人们的物质活动，与人们的物质交往，与现实生活的语言交织在一起的。劳动作为人的生产实践活动，精神生产劳动同物质生产劳动是相对的，强调人在劳动过程中精神世界的塑造，以此满足人的审美、情感、思维等精神需求。精神生产劳动同物质生产劳动一样，是人在劳动过程中不可缺少的重要组成部分，是丰富人的精神世界，增强人的精神力量，促进人的全面发展的必然要求。虽然精神的表现形式往往是无形的，但同物质生产劳动一样能够转化成一定的生产力。教育的劳动起源说认为，教育起源于劳动或劳动过程中产生的需要。教育是形塑人的精神世界的教育，而人的精神世界正是基于人的劳动，特别是精神生产劳动构建起来的。马克思主义教育与生产劳动相结合的重要思想，正是人的劳动，特别是精神生产劳动重要意义的有力佐证。

因此，用马克思主义唯物史观解读劳动精神，劳动精神是现实的人在其本质活动——劳动过程中的精神生产劳动的产物，劳动精神是劳动本质的人的精神，精神从一开始就受到物质的纠缠。物质生产规定着精神生产的性质，人的精神的变化和发展决定性原因在于物质生产劳动和社会物质生活。马克思主义对劳动精神的解读从根本上不同于以往的旧哲学。黑格尔将自我意识看作人的一切精神活动的最高抽象，人成了一个没有具体内容的纯粹独立的主体。虽然费尔巴哈驳斥了黑格尔这种抽象理性思辨，但是他只是用感性直观的陈旧武器批判地改造黑格尔。只有马克思通过对人的劳动的研究破解了这一迷障，不仅超越了黑格尔作为绝对理念的自我意识的精神劳动，还同费尔巴哈作为抽象类的人本主义直观感性划清了界限。马克思反对和批判基于理性的纯粹抽象领域来理解社会意识的传统思维范式，没有局限于将劳动精神消融于自我意识的思辨界限或是简单的感性直观，而是突破传统抽象理性思辨和感性直观的思维限度。至此，马克思主义唯物史观直面和勾连作为社会意识的劳动精神的现实基础，从现实的人的本质活动——劳动中来解释和揭示劳动精神的内在本质规定。

其次，劳动精神的贫困在于资本逻辑和资本精神对人的劳动压制。异化是渗透在资本主义社会的普遍现象，马克思把劳动和异化两个概念联系起来，论证资本主义私有制条件下的劳动异化现实。在《1844年经济学哲学手稿》中，马克思提出劳动异化的四个基本规定：一是劳动者同劳动产品的异化，劳动者创造的劳动产品越多，自己消费得就越少，劳动者创造的劳动产品价值越高，自己就越贫穷。二是劳动者同劳动活动过程相异化，劳动过程成为支配、奴役、压抑劳动者的异化力量，劳动成为资本家为了追逐剩余价值的一种强制活动，劳动者的劳动已经不属于劳动者。三是劳动者同人的类本质相异化，劳动不再体现人的本质，劳动产品不再是人的本质活动的结果，劳动过程也不再是人的本质活动的体现。四是人与人之间相异化，在以上三种异化的支配下，人与人之间根本无法形成真正的社会联系。人们在自己的劳动中不是肯定自己，而是否定自己，不是感到幸福，而是感到不幸，不是自由地发挥自己的体力和智力，而是使自己的肉体受折磨、精神遭摧残，这无不体现出劳动异化这一物质桎梏和精神枷锁，劳动不再是体现人的本质力量的活动，人通过劳动使物的世界增值的同时，却导致人的精神世界的贬值，人的劳动精神的贫困。

理解劳动精神的贫困，还要认清劳动异化背后的资本逻辑。资本表现为双重的逻辑性，一方面是创造文明的逻辑，另一方面是追求价值增值的逻辑。马克思在《共产党宣言》中写道，资产阶级争得自己的阶级统治地位还不到一百年，它所造成的生产力却比过去世世代代总共造成的生产力还要大，还要多。资本逻辑本身蕴含着进步的因素，对提高社会生产力、创造丰富的物质财富和精神财富具有巨大的促进作用。然而，资本逻辑主导下人的生存境遇却是"非人的"，通过资本本身以及以资本为基础的关系压制人的劳动，从而消解人的劳动精神。马克思在《资本论》中写道，资本只有一种生活本能，这就是增殖自身，获取剩余价值，用自己的不变部分即生产资料吮吸尽可能多的剩余劳动；资本就是死劳动，它像吸血鬼一样，只有吸吮活劳动才有生命，吸吮的活劳动越多，它的生命就越旺盛。资本的本质是追求价值增值，人和人的劳动只是资本追求价值增值的工具，因而，在资产阶级社会里，资本具有独立性和个性，而活动着的个人却没有独立性和个性。在资本逻辑的支配下，资本精神压制着人的劳动精神，这就是马克思所说的资本家追求资本积累的"禁欲主义的热望"，成为一种物化的客观力量服从于物质化的资本逻辑，造成了劳动本质的人的精神——劳动精神贫困。

再次，劳动精神的重塑旨在劳动逻辑的重构和人的解放。在马克思《1844 年经济学哲学手稿》《德意志意识形态》《1857—1858 年经济学手稿》《哥达纲领批判》等著作中，都论证了劳动理论逻辑和实践逻辑的深入过程，他对劳动分析的最终目的是探究劳动解放和人的解放。阿伦特在《人的境况》中理解的马克思，认为"现代劳动解放的危险是，它不仅不能把所有人带入一个自由的时代，而且相反，它第一次迫使全体人类都处于必然性之轭下"。马克思推翻资本关系之后所要实现的劳动解放和人的解放，就是要彻底消灭劳动的异化性质，使劳动转化为自由自觉的活动，使人实现自由全面的发展。这就意味着，把人从资本逻辑和资本精神的统治下解放出来，使人的本质力量自由发挥，人的劳动精神充分体现。

人的解放的本质就是实现人的主体性，人的劳动精神解放就是在马克思的劳动逻辑下实现人的主体性的新发展。旧哲学之所以在人的主体性问题上陷入泥潭，在于他们找不到衡量主客统一的标准，不能达成劳动与精神的良性互动。人的主体性实现是马克思创立新唯物主义的重要理论精华，他对人的主体性认识是从唯心主义和旧唯物主义剥离开来的。从笛卡尔开始，西方近代哲学从柏拉图和亚里士多德为代表的本体论转移到认识论中心。"我思"作为对精神性自我本身的认识，笛卡尔的认识观念为人类至上的主体性奠定了基础，继而在德国唯心主义那里发展为主体性理论。在黑格尔那里，自我意识能动地"异化"出一切内容，但这种能动本身是基于纯粹独立的"主体"。马克思的哲学对象不同于黑格尔的抽象的客观绝对精神，他从唯心主义借鉴来的是把"客观绝对精神"改造为"主观能动精神"，在人的劳动中解答人的精神命题。资本主义劳动异化把人变成物质工具的奴隶，使人的主体性发挥受到制约，最终使人的精神意志化为乌有。因此，要遵循一定的劳动逻辑，使劳动合乎人的主体性和能动性，实现人的劳动精神重塑的内在规定。

人的解放的路径就是实现共产主义，人的劳动精神解放就是在马克思的劳动逻辑下实现人的自由全面发展。马克思站在共产主义的高度，要求彻底扬弃异化劳动和资本主义私有制，重新肯定人的劳动精神。在马克思看来，只有在共产主义阶段，人类才能"从物的依赖关系为基础的独立性"过渡到"建立在个人全面发展和他们的共同的社会生产能力成为他们的社会财富这一基础上的自由个性"的阶段。正如马克思所说的，劳动已经不仅仅是谋生的手段，而是成了生活的第一需要，随着个人的全面发展，生产力也增长起来，而集体财富一切源泉都充分涌流之后，人才能以一种全面的方式，也就是说，作为一个完整的人，占有自己的全面的本质。实现共产主义是人的解放的根本路径，其中必然蕴含着人的劳动精神的解放。这是因为，劳动精神在进行解放的过程中，必然要把自身的劳动世界、精神世界和劳动主体性等建构置于历史、现实和社会中去审视。劳动精神的解放是一种实现人的自由全面发展的逻辑必然和根本诉求，人的解放必然是一个包含精神解放的内在整体性结构，精神解放也必然是一个包含劳动精神解放的内在整体性结构。只有在生产力发展到一定程度时，一切非人性的存在条件被根本消灭时，才能把人从物质的必然王国，进而从精神的必然王国中解放出来。而劳动精神解放，也要自觉解构一切妨碍其自身劳动的精神世界，与虚假的意识形态和落后的精神生产实行彻底决裂。这一劳动精神的实现，必然是对资本逻辑和资本精神下"资本对人的抽象统治"的超越。

　　纵观劳动观教育的实践传统，马克思主义以实践性立场、原则和方法在《共产党宣言》《哥达纲领批判》《资本论》等多部著作中谈到教育与生产劳动相结合的问题，对劳动精神塑造具有重要社会意义和教育作用。列宁作为马克思主义的积极实践者和推进者，在对待社会主义建设过程中的共产主义教育问题上，他充分继承了马克思主义教育与生产劳动相结合这一重要思想。在《伟大的创举》这一著作中，列宁强调发扬"活外活""格上格"的舍己为公、克己奉公的共产主义劳动精神，进而使其成为社会主义建设、共产主义建设和人的全面发展过程中的重要行动指南。在马克思主义中国化、时代化、大众化进程中，"劳工神圣""劳动光荣""劳动托起中国梦"等教育都见证了劳动精神的生成和积淀。从劳动观教育的实践传统看，劳动观教育经历了劳动道德教育、劳动政治教育、劳动知识教育，直到新时代劳动精神教育的过程。最初劳动作为人的德性的重要组成部分，人的劳动与否以及劳动的效果直接决定人的德性的高低，把人的劳动看作是道德的加工过程，这种道德化的解释在处理利益关系时遇到了发展性难题。之后，劳动作为思想政治教育不可缺少的环节，劳动光荣成为社会主义社会的主旋律。劳动成为一个神圣的字眼，劳动人民成为一个光荣的称号，劳动和劳动人民有着崇高的社会地位和价值意义。改革开放以后，劳动的重心转移到劳动人民物质的满足上来，从抽象的道德和政治表征转向物质表征，通过提升劳动的知识和技能来满足生产力快速发展的需要。新时代劳动教育着重强调劳动精神的塑形，具体化为劳动精神、创新精神、工匠精神、劳模精神等塑造，这些是对劳动者精神品质作出的高度凝练和本质概括。人的劳动精神同劳动政治信仰、劳动道德观念、劳动价值理念的紧密结合，是新时代劳动观教育的应有之义。

第五章　新时代劳动观教育的实践策略

对新时代劳动观教育的实践探索，要将实然与应然、理论与实践统一起来，为劳动育人提供具有可行性、可操作性的方法策略。通过参照全员—全过程—全方位的教育模式，在方法取鉴上加强重视灌输式、启发式、体验式和服务式劳动观教育，在路径选择上不断丰富劳动观教育的受众群众、优化劳动观教育的实施主体、完善劳动观的教育课程设置、拓展劳动观的实践教育基地、深化劳动观的教育活动方案。

一、新时代劳动观教育的模式参照

（一）全员—全过程—全方位的思想政治教育模式

思想政治教育模式是在一定的思想政治教育理论和政策指导下，在丰富的思想政治教育实践基础上，为了服务思想政治教育对象的成长和发展，为了完成思想政治教育特定的目标和任务，对符合思想政治教育客观发展规律的方式方法做出的简要概括，用以指导思想政治教育的具体实践。简单来说，就是一定模式在思想政治教育领域中的具体运用。思想政治教育模式作为一种总结归纳形成的、突出实践育人功效的育人模式，具有稳定的、规范的、简明的思想政治教育实践框架，能够为特定的思想政治教育提供可转化、可借鉴、可推广的实践参照。因此，思想政治教育模式必须建立在长期的思想政治教育理论概括和实践总结的基础上，充分体现思想政治教育理论的具体化，为一定的思想政治教育活动提供具体的实践图式，达成预期的实践效果。

全员—全过程—全方位的思想政治教育模式，是一体化、系统化、全面化的实践育人理念，充分体现新时代赋予了思想政治教育新的要求和内涵。2016年，习近平在全国高校政治工作会议上强调把思想政治工作贯穿教育教学全过程，实现全程育人、全方位育人，提出一体化育人的新要求。2017年，中共中央、国务院印发的《关于加强和改进新形势下高校思想政治工作的意见》中强调，坚持全员全过程全方位育人，形成教书育人、科研育人、实践育人、管理育人、服务育人、文化育人、组织育人长效机制，深化了一体化育人的重要指示。同年，教育部思想政治工作司发布的《高校思想政治工作质量提升工程实施纲要》中指出，推动"三全育人"综合改革，打造"三全育人共同体"，整合育人资源，形成学校、家庭和社会教育有机结合的协同育人机制，形成可转化、可推广的一体化育人模式。可以说，全员、全过程、全方位的思想政治教育模式作为一体化、系统化、全面化的育人理念，其范畴不仅仅局限于思想政治教育领域，更关系到各种教育资源的有效整合和各类教育要素的有机结合，这就为新时代劳动观教育实践提供了重要参照。

（二）全员—全过程—全方位的劳动观教育模式

全员—全过程—全方位的劳动观教育模式是全员—全过程—全方位的思想政治教育模式的具体应用，契合了思想政治教育工作的发展规律和劳动观教育工作的客观要求，是具有实践可行性的。全员—全过程—全方位的劳动观教育直接关系到劳动实践的成效乃至成败，因此，一要坚持全员调动，齐抓共管，形成新时代劳动观教育的合力；二要坚持全程跟进，上下联动，确保新时代劳动观教育的衔接；三要坚持全方位展开，全面配合，推进新时代劳动观教育的完善。全员—全过程—全方位模式下的劳动观教育，按照主体、时间、空间三个维度，构成一个点面结合、时空相连、立体完整的教育模式，以期实现劳动观念的形塑，提升劳动育人的效果。

全员落实劳动观教育，就是人人都要自觉把劳动观的树立和培养作为重要任务，强化劳动育人意识和劳动责任担当。这是基于主体责任的思考，全体成员都应该承担劳动观教育的责任。在传统的教育理念中，教育的主体比较狭隘，大多局限于高校，特别是高校教师的职责。全员的劳动观教育扩大了教育的主体，不仅扩大了主体的内涵，还拓展了主体的责任。劳动作为人的本质活动和生命活动，人人都要进行劳动，人人都有责任参与到劳动观的树立和培养过程中来。教育者是劳动者，受教育者也是劳动者，劳动者身份的特殊性决定了劳动者不仅要自觉接受作为教育者的劳动观念引领，还要自觉给予作为受教育者的劳动思想引导。无论是面向学生的教学者，还是面向职工的管理者，都要在各自的工作岗位上进行劳动观念塑造。这样一来，就会形成人人育人的大思政氛围，营造劳动育人的社会新风尚。

全过程落实劳动观教育，就是把劳动观教育贯穿到社会主义劳动者成长成才的全过程。全过程的劳动观教育是一个纵向结构的思考，反映的是劳动观教育时间上的全贯通问题，来考量劳动观教育过程中需要应对的种种变化。这是因为人对劳动的认识、态度和情感等具有不稳定性，将符合时代和社会发展需要的劳动观念传授给劳动者，内化为一定劳动品质并外化为具体的劳动实践要经历一个漫长的过程，是一项长期的工作。劳动观教育不是一蹴而就的，劳动作为贯穿人一生的重要命题，更需要的是终身教育，延伸传统教育的时间限定。全过程育人可以抓住劳动者在不同阶段的特殊性，从而有效地进行针对性的劳动观教育，既能够确保劳动观教育符合当下劳动者的内在需要，又可以保证劳动观教育的与时俱进和发展创新。

全方位落实劳动观教育，就是劳动观教育要围绕人的全面发展进行展开。全方位的劳动观教育是一个横向结构的思考，反映的是劳动观教育空间上的全覆盖问题，将劳动观教育融入教育教学的各环节和人才培养的各方面。人的全面发展是劳动观教育的价值旨归和题中之意，因而劳动观教育不能忽视全方位的要求。劳动观教育要围绕着劳动观的树立和培养这一目标和任务，从不同层面、不同区位，不同角度进行全方位的展开，不应该局限于劳动观念的培养，更要放眼于劳动体悟、劳动情怀、劳动态度等各个方面的塑造。实现劳动观教育的全方位目的，就要重视劳动观教育内容或范围的全面性，推动劳动者的劳动观念和价值塑造、劳动观念与能力培养、劳动观念与道德形塑等方面的全面培养和有机结合。

总的来说，全员—全过程—全方位的劳动观教育模式是一个有机系统，全员劳动观教育、全过程劳动观教育、全方位劳动观教育是支撑这一系统的三个重要支柱，三者既相互联系，相互依存，又各有侧重，有所区别。一方面，如果全员—全过程—全方位的劳动观教育模式是一个三维坐标系，那么如前所述，全员劳动观教育就代表着立坐标，全过程劳动观教育就代表着纵坐标，全方位劳动观教育就代表着横坐标，三者分别规定着劳动观教育的主体、时间、空间范围，这样就构成了一个立体的系统模式，缺少任何一个维度，劳动观教育就是不完整的。另一方面，在全员—全过程—全方位的劳动观教育模式中，全员劳动观教育、全过程劳动观教育、全方位劳动观教育各有侧重，正如前所述，全员劳动观教育是立足于劳动观教育的主体而言，强调人人都是育人者，人人都要参与到劳动观教育实践中来，从而加强劳动观教育的整体队伍建设。全过程劳动观教育是基于劳动观教育的时间规定，要拉长劳动观教育的战线，贯穿劳动者的整个人生阶段，同时在不同的阶段，如在校学习、岗位工作等实施不同的劳动观教育。全方位劳动观教育是基于劳动观教育的空间规定，围绕不同方面、不同领域进行劳动观教育，破解劳动观教育的单一性和狭隘性，最大限度地实现劳动者的全面发展。

全员—全过程—全方位的劳动观教育模式要重视劳动者的核心地位，如果没有抓住劳动者这一核心和关键，那么全员劳动观教育、全过程劳动观教育、全方位劳动观教育就没有任何实践的价值和意义。社会主义劳动者不仅是教育的重要力量，还是实践的重要力量，因此要把握好全员—全过程—全方位的劳动观教育模式中劳动者这一重心和主线，应对劳动者的价值观念的起伏变化，形成新时代劳动观教育一体化系统的开放的、正向的、有序的实践探索。

二、新时代劳动观教育的方法取鉴

（一）灌输式劳动观教育

对于灌输的理解，思想政治教育领域存在一定的争议，一部分学者认为，灌输本身就是教育，是一个动态的实践活动；一部分学者认为，灌输本身就是方法，是教育过程中使用的一种方法。"思想政治教育的灌输是指无产阶级通过宣传教育、说服引导等方式将思想政治教育理论、观点输送到广大的人民群众中去，将其日益变成广大人民群众的自觉行动，以达到符合社会的要求"①，简而言之，灌输是指教育者把某种思想、理论、观点有目的、有计划、有意识地传输给受教育者。这里的灌输，更多地强调实现教育过程的一种方法，是具有方法论意义的。如果没有灌输，开展的思想政治教育就会出现缺项、缺法、缺力。教育者要通过设定的教育目标、教育内容、教育材料等把某种思想观念传输给受教育者，促进受教育者对某种思想观念的获取和捕捉、认识和理解。特别是一些复杂的、深刻的思想理论，不会在人们的脑海中自动生成或者自觉领悟，只能通过外界的灌输，如教育者的宣传、讲解和辅导等。灌输式劳动观教育，正是马克思主义劳动思想和灌输思想结合的必然逻辑，是主流社会意识形态教育的必然结论。因此，劳动观教育作为一种观念教育，作为一种思想政治教育，是适用灌输这一方法的。

在灌输式劳动观教育中，要避免机械式和教条式的两大误区。机

---

① 徐志远. 现代思想政治教育学范畴研究［M］. 北京：人民出版社，2009：139.

械式灌输强调将已有理论照抄照搬灌输给受教育者，塑造劳动观要避免这种填鸭式教育。马克思主义的劳动观蕴含着的劳动真精神，是马克思主义哲学、马克思主义政治经济学和科学社会主义的重要基石，是马克思主义实践观、群众观、发展观的重要基础。但是不乏有人认为其晦涩难懂、枯燥乏味。在进行劳动观灌输时，要将马克思主义的劳动思想转化成社会大众能够听得懂、说得清、记得牢、用得好的理论工具。机械式灌输通常会以晦涩难懂的逻辑、因文害意的修辞、诘屈聱牙的术语方式呈现，这就难以达到理论说服人、教育人、武装人的效果。教条式灌输强调照本宣科、生搬硬套灌输给受教育者，塑造劳动观要联系具体实际。教条式灌输最容易出现的问题是，由于过于教条，过于拘泥死板，教育者自身理论功底不扎实，不能充分理解、吸收和掌握系统的、全面的劳动思想，或者是教育者对社会现实分析不够，不加思考而盲目的、没有针对性的灌输劳动原理。2016 年 5 月，习近平在哲学社会科学工作座谈会上指出，对马克思主义的学习和研究，不能采取浅尝辄止、蜻蜓点水的态度。有的人马克思主义经典著作没读几本，一知半解就哇啦哇啦发表意见，这是一种不负责任的态度，也有悖于科学精神。进行劳动观教育，教育者首先扎实自身的理论功底，坚持马克思主义的劳动思想，但不能把马克思主义的劳动思想当成僵死的教条。因此，劳动观教育作为一种全民性教育，要注意将伟大人物及其理论以通俗易懂的方式精准到位表达。比如，中共中央宣传部组织拍摄的政论片、纪录片《劳动铸就中国梦》，以"劳动改变命运""劳动创造财富""劳动点亮智慧""劳动提升品质""劳动缔造幸福""劳动彰显国魂"六个主题，全景式展示了全国各族人民投身改革开放和社会主义现代化建设的生动实践，深刻地阐释了劳动是人的本质活动，劳动光荣、创造伟大是人类文明进步的规律，积极地传递了劳动最光荣、劳动最崇高、劳动最伟大、劳动最美丽的正能量。《劳动铸就中国梦》这一政论片、纪录片，通过多种艺术手法，避开了劳动观教育的机械式灌输，充分运用视觉画面、场景、细节，既直面了现实问题，又讲述了劳动故事。这种艺术的灌输方法、方式，通过展现劳动者内心世界的真实感受和劳动者改变命运的感人故事，达到了思想性和艺术性的有机统一，既展现了大气磅礴的劳动精神，又实现了细腻感人的艺术效果。

灌输式劳动观教育要避免运用陈旧的、机械的理论观念和老套的、教条的思维方式来应对劳动观实际。当前劳动价值观出现的一些乱象，在一定程度上弱化、颠倒、扭曲和消解着马克思主义的劳动思想，灌输式劳动观教育不得不摒弃陈旧的、机械的理论观念和老套的、教条的思维方式。比如公共信仰危机对劳动观的弱化。新中国成立后，我国一直坚守马克思主义意识形态的主流地位，但资本拜物教始终作为一种巨大的隐形力量，试图淡化马克思主义信仰的价值关怀意义。对资本主义信仰的盲从和对马克思主义信仰的动摇，在一定程度上催生社会大众诉诸"假"信仰表达私己的"真"形象，劳动不再体现劳动本质的人的力量，只是单纯地服务于实用功利。此外，西方社会思潮对劳动观的颠倒。在我国当前的思想领域中，以"分化"和"西化"为主导的社会思潮，一直挑战着马克思主义主流意识形态建设。其中受关注程度较高、现实影响深刻的有非意识形态化思潮、拜金主义思潮、泛娱乐化思潮等，试图对人的劳动"去精神化""去价值化"，弱化了劳动光荣、劳动伟大、劳动神圣的劳动价值观。此外，市场经济崇拜对劳动观的冲击。市场经济崇拜极力渲染人性的利己本质，使市场经济的价值观泛化到社会生活的各个领域。随着我国改革开放进入攻坚克难的关键时期，市场经济崇拜冲击着社会主义价值观念和精神文化建设。一些人把资本运作和资本精神当作经济命脉的关键，进而否认劳动作为市场经济的重要增长因素，劳动精神作为市场经济的强大精神动力这一事实。还有，网络舆论场域对劳动观的消解。网络舆论的片面化，使"劳动无用""远离劳动""劳动有贵贱"迅速占领网络空地，以一种非理性的方式影响社会大众对劳动观的价值判断。网络舆论的匿名化，使一些利益主体大肆宣扬劳动无用论，甚至企图涉足严肃的话语领域。网络舆论的泛娱乐化，使社会大众在商品化、符号化享受中丧失主体精神，使逃避劳动、沉迷享乐、坐享其成等劳动乱象丛生，从而加速劳动观的世俗化和空泛化进程。总的来说，教育者不能再运用陈旧的、机械的理论观念和老套的、教条的思维方式来应对当下实际，要避开宣传教育和理论引导中存在的假、大、空、旧现象，要通过了解社会最新动态、劳动最新态势、时代最新动向，结合具体实际灌输给受教育者。因此，结合具体实际的灌输才能使劳动观教育行之有效，才能使人们理性看待社会思潮和意识形态带来的劳动价值观冲击，才能使人们对科学的、正确的劳动价值观形成强烈的认同感。

（二）启发式劳动观教育

启发教育由来已久，这种教育方法具有价值合理性，发挥着启发、引导的功能。早在春秋时期，孔子就提出启发教育的基本理念。启发一词见于《论语》，"启，谓开其意；发，谓达其辞"，"不愤不启，不悱不发"的经典论述，强调启发在教育实践中的重要意义。"十大教授法"是毛泽东关于教育法较为系统的概括，其核心也是启发教育。毛泽东在《中共中央关于延安干部学校的决定》中重点强调教育要采取启发的、研究的、经验的方法，这样可以使受教育者在学习中发挥自动性和创造性。而在古希腊，苏格拉底的"助产婆法"，开创了西方启发教育的先河，通过问答的方式探索和追求真理。启发教育能够使受教育者在教育者的引导下，更新观念，陶冶个性，塑造人格。对于劳动观教育而言，启发式仍然具有适用性，有利于培养人们对劳动的思考力和理解力，产生深刻的劳动认识和领悟。

在劳动观教育的启发过程中，是要遵循一定的逻辑理路。劳动观作为人们对劳动的根本观点、看法和认识，体现了劳动的本质、目的、价值等方面。因此，要从本体论、认识论和方法论三个角度出发，启发人们树立正确的社会主义劳动观。比如，2015 年在庆祝"五一"国际劳动节暨表彰全国劳动模范和先进工作者大会上，习近平强调劳动是人类的本质活动，从本体论角度明确回答了"何为劳动"的问题。立足马克思主义唯物史观，以马克思主义科学体系和发展的马克思主义为指导，用经典理论为劳动加冕，这是启发人们劳动认识的重要理论基石和着力点。2013 年习近平同全国劳动模范代表座谈时指出，劳动是财富的源泉，也是幸福的源泉。人世间的美好梦想，只有通过诚实劳动才能实现；发展中的各种难题，只有通过诚实劳动才能破解；生命里的一切辉煌，只有通过诚实劳动才能铸就。这就从认识论和方法论角度明确回答了"为何劳动""如何劳动"的问题。对马克思主义劳动思想进行全面认识，不仅要从财富的角度引导人们理解"为何劳动"的价值，还要从幸福的角度引导人们理解"为何劳动"的意义，更要从诚实劳动的角度引导人们懂得"如何劳动"。因此，启发不是盲目地启发，而是有一定的逻辑进路，这样才能使劳动观的启发教育层层深入、全面覆盖。

二是要尊重一定的教育规律。劳动观教育要根据一定的社会和人的需要，启发人们塑造符合主流意识形态的劳动价值观，不仅要把握好上述的"何为劳动""为何劳动"以及"如何劳动"这三个问题，还要把握好"为何教育"以及"如何教育"这两个问题，将启发的方式、方法行之有效地贯穿于劳动观教育。不仅不能在教育实践中把劳动教育边缘化，还要在教育实践中强化劳动价值观。在尊重劳动观教育客观规律的基础上，改变传统教育的弊端，填补以往教育的缺陷。通过一定的理论教育和实践教育并举启发人们的劳动观，将抽象的劳动观变得生动化、具体化、通俗化。

三是可以依托重大会议、重要活动、重点主题等载体。比如，每年"五一"国际劳动节到来之际，党和国家领导人在庆祝"五一"国际劳动节暨表彰大会上会发表重要讲话，向广大劳动者致以问候和嘱托，强调崇尚劳动，尊重劳动者，营造劳动光荣的社会风尚。比如，2022年"五一"国际劳动节暨全国五一劳动奖和全国工人先锋号表彰大会强调，把学习贯彻习近平总书记致首届大国工匠创新交流大会的贺信精神作为强大动力，要大力弘扬劳模精神、劳动精神、工匠精神，广泛深入持久开展劳动和技能竞赛。这一系列的讲话精神，是教育者进行劳动观教育的价值旨向和内容框架，要从全局和战略高度深刻认识劳动观教育的重点方向和重要理论，针对不同群体、不同内容进行分层次、分类别的劳动价值观启发和塑造。

特别是表彰全国劳动模范和先进工作者们，鼓励继续发挥模范表率作用，不断做出新的劳动贡献，他们的先进事迹是人们劳动价值观启发和塑造的重要素材。2019 年的"五一"国际劳动节暨全国五一劳动奖和全国工人先锋号表彰大会指出,受到表彰的先进集体和个人,是工人阶级和广大劳动群众的杰出代表,大家立足本职、埋头苦干,勤勤恳恳、无私奉献,在平凡的岗位上创造出了不平凡的业绩。2018 年的庆祝"五一"国际劳动节暨"当好主人翁、建功新时代"劳动和技能竞赛推进大会再次指出,在我国革命、建设和改革的伟大进程中,涌现出灿若星辰的劳动模范和先进人物,锻造了爱岗敬业、争创一流,艰苦奋斗、勇于创新,淡泊名利、甘于奉献的劳模精神,积淀了刻苦钻研、精益求精、追求卓越、创造一流的职业素养,辛勤劳动、诚实劳动、品格高尚,在平凡工作中做出不平凡贡献,生动诠释了创造、奋斗、团结、梦想的伟大民族精神,是我们极为宝贵的精神财富。全国劳动模范和先进工作者们的先进事迹感人至深,启示深远,对于启发人们塑造勤于劳动、善于劳动、乐于劳动、精于劳动的价值观具有重要意义。

（三）体验式劳动观教育

体验是人的生命存在和生活状态的一种重要方式,使个体以个性体验的方式参与其中。对于思想政治教育活动本身而言,体验不再是一种可视化、可量化的实践活动,而是可以通过转化、内化、化归等方式实现教育的预期效果。通过体验式教育,能够使人自主、自觉沉浸其中,使人的思想观念和行为表现共融共生。因此,体验式劳动观教育,就是以劳动者体验的方式获得或加深劳动认知,进而指导或深化劳动实践。劳动观教育作为一种强调劳动认识与劳动实践互动联系的教育,应当把劳动者的体验作为劳动观教育的基本实践方式,要求劳动者隐含于特定的行为、角色、情境等，使劳动者获得独特的本体性反思和体验。

体验式劳动观教育大多处于一定的情境和场景中。无论是他人的劳动体验还是亲身的劳动体验，间接的劳动体验还是直接的劳动体验，人们总会在特定的情景和场景下自觉、自主沉浸其中，获得一定的劳动体悟和劳动认识。"让体验者置于一定的自然中，直接感受大自然的和谐与美好，或者直接感受人类对大自然生态环境的污染与破坏行为及其后果，在这种具有冲击性的直观场景中，诱发和唤醒其道德体验的一种探索。"① 当然，这是从自然界出发来阐释劳动体验的。恩格斯早在《自然辩证法》中写道，我们不要过分陶醉于我们对自然界的胜利，对于每一次这样的胜利，自然界都报复了我们。他以美索不达米亚、小亚细亚等地区为例，居民们为了得到耕地不惜砍伐森林，使这些地区失去存积水分的条件，成了寸草不生的不毛之地。特别是新时代自然科学大踏步前进，人的劳动会产生更深远的影响，人的劳动体验会更加深刻。除了来自自然界的劳动体验外，还有来自人类社会的劳动体验，这是更具有重要性的体验方式。制造劳动工具——蒸汽机的人们没有想到，这会比其他任何东西使全世界的社会状况革命化，人的劳动造成了绝大多数人的一无所有和极少部分人的财富集中。正如恩格斯所说的，"经过长期的常常是痛苦的经验，经过对历史材料的比较和分析，我们在这一领域中，也渐渐学会了认清我们的生产活动的间接的、比较远的社会影响，因而我们就有可能也去支配和调节这种影响"。② 正如前面所说，这种破坏性的劳动景象能够唤醒

---

① 刘景铎. 道德体验论 [M]. 北京：人民教育出版社，2003：325.
② 马克思恩格斯全集：第 20 卷 [M]. 北京：人民出版社，1956：520.

人的劳动觉悟，认清人的劳动对自然界、对社会的深远影响，引导人们的劳动遵循一定的客观规律，扬弃种种的异化现实，只有这样才会对自然界、对人乃至人类社会有所助益。

同样，艰苦的劳动境况也会激发人的劳动斗志，在劳动中提升自己的精神品质、道德素养和政治品性。《习近平的七年知青岁月》中讲道："对习近平的思想和价值观起作用的，并不是标语、口号和高音喇叭的灌输，而是知青岁月那日复一日艰苦的生活和劳动，是当年同我们农民兄弟朝夕相处的那二千四百多个日日夜夜对他产生的潜移默化的影响。"[①] 梁家河的劳动体验，成为一种生活态度、一份工作责任、一种精神追求，无疑在艰苦的劳动中，他同人民群众建立了深厚的情谊，培养了苦干、实干、巧干的劳动精神，铸造了亲民、爱民、为民的人民情怀。

历史的、他人的体验如此，现实的、亲身的体验更甚，能够给人以直接的、强大的感受冲击力。当人的劳动置于当下的情境中，而非历史的、人为设置的，更容易触发人的真实感受。对于大多数人来说，劳动体验多是基于工作岗位这一重要平台。近些年来，从评选最美基层干部、最美"村官"、最美消防员、最美医生、最美教师等活动来看，这些平凡而又普通的劳动者之所以能够感动社会、感动中国，正是他们在工作岗位上把劳动当作一种责任、奉献和担当，看成一种美德、品格和素养。兢兢业业、爱岗敬业、建功立业的劳动体验，不仅可以使人拥有一份职业，还可以使人拥有一份事业。通过这种劳动体验，让不同职业的人们在各自的岗位上，以内省和反射的方式达到完

---

① 中央党校采访实录编辑室. 习近平的七年知青岁月 [M]. 北京：中共中央党校出版社，2017：25.

善个性、实现自我的要求，成就一个人的崇高追求。这种自我体验，就是要发挥人们的主体地位，发挥人们的主动性、创造性和自觉性，真正使人们将自身置于一个体验者和承担者的位置上。马克思的《青年在选择职业时的考虑》中写道："如果我们选择了最能为人类福利而劳动的职业，那么，重担就不能把我们压倒，因为这是为大家而献身；那时我们所感到的就不是可怜的、有限的、自私的乐趣，我们的幸福将属于千百万人，我们的事业将默默地、但是永恒地发挥作用地存在下去，而面对我们的骨灰，高尚的人们将洒下热泪。"① 人们从事这种职业时，不再是作为奴隶般的工具，困缚于奴役、压抑的体验中，而是充分发挥主体性，不仅使自身获得尊严感，还为大多数人带来幸福感，这必然是一种深刻的劳动体验。

在这种亲身的劳动体验中，要特别注意可能会带来的负面影响。比如，劳动被误用为是一种惩戒手段，这种劳动体验在学生群体中是普遍存在的。面对惩戒，人的本能是逃避，这是因为惩戒给人带来的体验是痛苦的、恐惧的，而不是愉快的、幸福的。因而，当劳动被误用为一种惩罚手段时，学生在潜意识里会认为劳动本身就是一种苦累的、折磨的行为，对劳动产生一定的反感、抵触甚至逃避的情绪。在一些教育场景中，教师惩罚学生清理垃圾、打扫卫生，试图通过劳其筋骨，苦其体力，表达惩戒之意。学生在劳动中只能体验到苦累、折磨甚至羞辱，这就同劳动的原初意义背道而驰，不仅误用了劳动，还伤害了学生的身心健康。在劳动体验中，不能扭曲劳动对学生重塑行为和价值观念的积极作用，要正确引导和规范学生对劳动的正确认

---

① 马克思恩格斯全集：第40卷［M］.北京：人民出版社，1956：7.

识。劳动应当是一种实现自我价值的重要方式，通过劳动的体验方式，触发学生的自知力、领悟力和内省力，从根本上认识到为与不为，能与不能。要重视劳动的规范和引导作用，扭转片面的劳动认识和消极的劳动实践。

（四）服务式劳动观教育

服务，通常是指为他人和社会做事，并使他人和社会从中受益的一种志愿活动，不以实物形式，而是以一定的劳动行为满足他人和社会的特殊需要。服务式教育就是让人们参与到精心组织的服务活动中，通过志愿服务这一具体行为，并在志愿服务这一具体过程中进行教育。美国南部地区教育委员会曾提出服务式学习的概念，这与服务式教育具有密切相关性。这一委员会致力于改善各层次的公民教育，强调所有的服务活动都是服务式学习，认识到教育与经济活力之间的联系，通过服务式学习参与到服务人类和社区的需要中来。因此，服务式学习可以被理解为一种实验教育的方式，通过服务—教育—学习的构造性反思，掌握一定的理念和情怀，提升服务人类和社区的本领。因此，服务式教育这一手段和方法具有核心地位，有助于达成一定的教育目的，提升一定的学习能力。劳动观教育之所以更适用于这种教育方法，是因为服务本身就是一种特殊劳动，具有自觉性、自愿性和主动性等特征。服务式劳动观教育的方法重在服务，并非人人都是服务性劳动者，但是人人都要树立劳动服务意识。服务社会、服务他人既是作为社会主义劳动者的内在要求，又是劳动观教育的外生性表现。劳动观教育作为培养人的劳动观念的社会活动，通过服务这一方法，既可以培养劳动者的内在服务意识和素养，又可以达成劳动者的外在服务目的和成就。服务是发挥人的主体性的重要途径，以服务的方式实施劳动观教育，给予劳动者更大的责任意识和自主观念。劳动者必然要改变角色意识，树立服务观念，使其劳动行为能够满足他人和社会的一定需要。因此，服务式劳动观教育的内在之义就是使人们树立正确的社会主义劳动观念和劳动情怀，为人类幸福和美好社会而进行的劳动服务。因此，将服务引入劳动观教育的实践方法，不仅能够论证服务与劳动之间的共生关系，而且能够体现社会主义劳动的本质特征和本质精神。

公益劳动作为常见的劳动形式，是服务式劳动观教育的主要手段。公益即为公共利益事业，公益劳动作为服务于公益事业，不计报酬的劳动，本身就体现了劳动服务的本质，指向着社会公众的福祉和利益。在党的十九大报告中，习近平强调要推进诚信建设和志愿服务制度化，在党的二十大报告中，习近平再次强调要强化完善志愿服务制度和工作体系。志愿服务作为社会文明进步的重要标志，充分彰显了理想信念、爱心善意、责任担当，弘扬了奉献、友爱、互助、进步的志愿精神。公益劳动、志愿服务正是凝聚人内心，增强正能量的劳动善举。在人们的劳动财富增长和物质需要满足的基础上，会更加关怀社会疾苦，注重个人价值的实现。通过广大志愿者、志愿服务组织、志愿服务工作者的公益劳动，可以将人力、物力、财力等资源凝聚起来。公益劳动作为社会主义核心价值观的实践形式，不只是停留在物质层面的扶危济困上，更是体现在劳动道德风尚和劳动精神风貌上，乐善好施、善言善行不仅是中华民族的传统美德，还是衡量一个社会文明进步的重要标志。推广公益劳动，有助于增强劳动者之间的良性互动，释放劳动情怀、传播劳动爱心、增加劳动活力和提升劳动境界。

这种公益劳动的实践过程，既是劳动者自觉的道德品质、精神境界和价值观念的展现，又是劳动者作为公民的基本道德素养提升的过程。公益劳动正是通过少数劳动者的善举和示范效应，升华到多数劳动者所追求的美好境界，最终发展为劳动者普遍参与的伟大事业，形成一种广泛群众性的道德实践，这不仅是劳动者自身发展的内在需要，还是社会主义核心价值观的具体实践。

此外，社会实践也是高校进行服务式劳动观教育的常见途径。正如前面所述，服务本身作为一种特殊劳动，已经成为当前劳动的新常态。社会实践是高等学校教育活动的重要环节，是大学生思想政治教育的重要环节，而志愿服务作为社会实践的重要育人路径，搭建了高校与社会的合作育人桥梁。可以说，社会实践是服务式劳动观教育的重要土壤，保证了这一教育方式的常态化和专业化，服务式劳动观教育是社会实践的重要基石，体现了这一实践活动的劳动特色和劳动意蕴。劳动观教育作为高校思想政治教育的重要内容，服务式劳动观教育充分体现了思想政治教育的实践育人特色，突出了高校思想政治教育的第二课堂优势。传统的劳动概念输出和劳动观念传递，是传统劳动观教育的基础性工作。新时代劳动观教育的展开有多种形式，在传统劳动观教育的教学环节基础上，拓宽了劳动观教育的平台和渠道。高校建设具有不同志愿服务功能的社会实践基地，为大学生志愿者、大学生志愿服务组织等提供了服务式劳动观教育的平台和机会。2004年中共中央、国务院就颁布了《关于进一步加强和改进大学生思想政治教育的意见》，强调高等学校要把社会实践纳入学校教育教学的总体规划和教学大纲，积极探索和建立社会实践与专业学习相结合、与服务社会相结合、与勤工助学相结合、与择业就业相结合、与创新创业相结合的管理体制，增强社会实践活动的效果，培养大学生的劳动观念和职业道德，积极组织大学生参加社会调查、生产劳动、志愿服务、公益活动、科技发明和勤工助学等社会实践活动。社会实践的服务功能发挥，能够使大学生在社会实践活动中增强社会责任感，在志愿服务中深化对劳动观的认知和认同。比如 20 世纪 80 年代初，团中央首次号召全国大学生在暑期开展"三下乡"社会实践活动，时至今日，暑期社会实践活动仍然发挥着重要的思想政治教育功能。暑期社会实践活动作为大学生实践活动的重要环节，体现着服务式劳动观教育的重要内涵，有助于提升大学生的劳动价值取向和劳动责任意识，培育艰苦奋斗精神和团结协作观念，投入服务社会和个人的实践活动中来。这种服务方式对劳动观教育的特殊性贡献在于，需要结合大学生的专业、学科、研究方向等，如暑期社会实践活动中的网络项目、环保项目、医疗项目、教育项目等，不仅能够促使大学生在劳动观念、劳动情怀和劳动素养等方面有所提升，还能够促使大学生在创新劳动、职业规划、专业学习等方面有所突破，进一步丰富服务式劳动观教育的重要内涵。

三、新时代劳动观教育的路径选择

（一）丰富劳动观教育的受众群体

劳动观教育的受众面直接决定了教育的全面与否，丰富受众群体是实现劳动观教育全面性的重要途径。受众群体是观念的受传者和接受者，根据受众群体的认知结构、心理需求、身份特征等方面的差异，不同的受众群体对于一定的观念有着不同的理解认识。受众群体受到主客观因素的影响，在理解客观事物和现象时带有自身的倾向性，因而所持有的观念和态度也就自然不同。针对受众群体的差异性和特殊性，既要实现教育触角延伸到每个群体，实现受众群体的全覆盖，又要重点抓好特殊受众群体的重点教育。这就要求劳动观教育必须丰富受众群体，精准把握受众群体。这是因为，人人都要劳动，人人都有劳动观，因而，这就决定劳动观教育的受众群体应该是全覆盖的，特别是不能忽略一些重要群体的价值观教育，比如学生群体、党员群体、知识分子群体和劳动模范群体等。

一是学生群体。劳动教育、劳作教育、实践教育等一系列提法，在一定程度上对学生群体的劳动观培养、塑造有所助益。从基础教育阶段到大学教育阶段，我国一直重视学生劳动观念、劳动认识、劳动态度等方面的培育，新中国成立以来先后颁布了一系列有关劳动教育的方针政策。马克思主义以实践性立场、原则和方法提出了教育与生产劳动相结合的重要思想，对劳动观念的塑造具有重要社会意义和教育作用。当前德智体美劳全面发展、五育并举的教育理念，正是对教育与生产劳动相结合重要思想的新时代创新发展。2018 年，习近平在全国教育大会上强调构建德智体美劳全面培养的教育体系，这是新中国成立以来首次提出德智体美劳五育并举理念，明确把德智体美劳作为一个整体性结构来考虑，引导学生培育和践行综合的、全面的、系统的劳动理念。学生要以劳树德、以劳增智、以劳强体、以劳育美，充分体现劳动观教育的重要内涵，丰富劳动观教育的受众群体，必须把学生群体劳动观的培养与塑造放在重要位置上。

二是党员群体。党员群体是劳动群体的重要组成部分，要充分发挥党员群体的优势作用，即在劳动群体中的模范带头作用。共产党员作为劳动人民的普通一员，劳动是共产党员保持政治本色的重要途径，是保持政治肌体健康的重要手段，是发扬优良作风、自觉抵御"四风"的重要保障。当前党员群体中发生的一些贪污腐败、脱离群众、贪图享乐等问题，在一定程度上，体现了劳动观教育的不全面、不充分、不到位。在《习近平的七年知青岁月》中，展示了习近平的"党性修炼之道"——劳动，从内心觉得自己是劳动人民中的一员是很光荣的事。党员群体，特别是党员干部，要做好辛勤劳动、诚实劳动、创造性劳动的表率和模范。

三是知识分子群体。知识分子作为脑力劳动的主要贡献者，不能忽视知识分子群体的劳动观塑造和培养。重视知识分子一直是我党的优良传统和政治优势，知识分子是社会的精英、国家的栋梁、人民的骄傲和国家的宝贵财富，全社会都要关心知识分子、尊重知识分子。知识分子作为体力劳动和脑力劳动分工的产物，是脑力劳动的主要贡献者和重要参与者。其中，在创造性劳动上发挥着不可替代的重要作用。引领创新作为知识分子的应有品格，创造性劳动是知识分子自我革新的内在要求，要鼓励知识分子群体树立正确的劳动观念。作为脑力劳动、智力劳动、创新劳动的核心输出者，知识分子群体具有其他劳动群体所不具备的知识储备量和技术掌握力，不少知识分子学有所长、术有专攻，在创新劳动领域抢占制高点，需要营造尊重知识、尊重知识分子的良好社会氛围，减少对知识分子创造性劳动的干扰。因此，做好知识分子群体的工作，离不开劳动观教育这一环节。

四是劳模群体。这一教育的特殊性在于，强调劳模对广大劳动者的示范、榜样、引领作用，从而进一步激发自身的劳动潜能和劳动创造，升华自身的劳模精神和劳模品质。劳动模范是劳动群众的杰出代表，是最美的劳动者，他们以高度的主人翁责任感、卓越的劳动创造、忘我的拼搏奉献，为全国各族人民树立了学习的榜样。劳动模范在做好本职工作的同时，更是身体力行向全社会传播着"爱岗敬业、争创一流，艰苦奋斗、勇于创新，淡泊名利、甘于奉献"的劳动精神和"勤奋做事、勤勉为人、勤劳致富"的劳动观念。作为某一劳动领域、某一劳动群体中涌现出的杰出劳动代表，劳动模范形象的塑造，是党和政府在一定历史时期主流价值取向的重要标杆。通过社会公众和政治权威的认可成为行业乃至全国的劳动模范，这种身份定位本身就是一种激励，进一步增强责任感和使命感，更加以模范的标准要求自身。劳模群体作为一个整体，不同行业、不同岗位的劳动模范和广大劳动群众相结合，充分发挥社会劳动群体的整合和劳动价值观统一的作用。

（二）优化劳动观教育的实施主体

优化劳动观教育的实施主体，有利于落实劳动观教育责任，形成多方联动、协同育人的局面。虽然我国一直很重视劳动观教育，但在教育实践中，不乏存在着实施主体单一化、主体责任不明确等问题。因此，要优化劳动观教育的实施主体，使教育实施具备一定的客观条件。学校作为重要的实施主体，要充分发挥教师在立德树人、培养学生德智体美劳全面发展中的重要作用。学生作为直接参与劳动的主体，将朋辈教育引入学校教育中，能够潜移默化地影响学生的劳动认知、劳动情感和劳动实践，有利于提高学生的自我劳动教育能力。学校工会作为教育领域内的重要群众组织，学校工会承担着新时代培养后备军和人才队伍的重要使命，要求教师对学生教育和自身教育同向并行，进一步加强劳动观教育的研究和实践，通过和谐劳动关系的构建和维系，实现学校教职工的劳动观教育内涵式发展。家庭和社会也有实施劳动观教育的责任与义务，需要高度重视和积极配合学生的劳动实践活动。无论是学校、家庭还是社会，劳动观教育实施主体的明确，意味着劳动观教育不应该在学校中被弱化、在家庭中被窄化、在社会中被淡化，相反的，应该在学校中被强化、在家庭中被重视、在社会中被关注。劳动观教育实施主体的多元化，可以带来不同程度的教育资源配置，更加突出不同教育实施主体的责任性。

教师学校能不能培养德智体美劳全面发展的有社会主义觉悟的有文化的劳动者，教师至关重要，始终在教育过程中发挥着关键作用。2019 年，习近平主持召开学校思想政治理论课教师座谈会时强调，办好思想政治教育理论课关键在教师，关键在教师积极性、主动性和创造性的发挥。思想政治教育理论课的作用是不可替代的，思想政治教育理论课教师的责任是重大的，劳动观教育始终是思想政治教育理论课教师的重要任务。劳动观教育要特别重视理论性和实践性的统一，用马克思主义的劳动真精神培养人，挖掘劳动的真、善、美意蕴。教师通过引导学生明确劳动在塑造人生观、价值观和世界观中的重要地位，在人的全面发展中的战略意义，扭转学生对劳动的简单化、世俗化、功利化的理解和对待，使劳动的真理性、教育性、基础性和战略性地位在教育中达成共鸣、共振和共识。这就要求教师首先要对劳动的特点和劳动观教育的重大作用认识到位，认识到劳动观教育是践行社会主义核心价值观、德智体美劳全面发展理念和立德树人根本任务的重要环节，在课程、课时设计上确保劳动观教育的学科地位和课程地位。不仅是思想政治教育理论课教师，其他专业课教师也要协同育人，在课程、课时设计中增设劳动观教育环节，将道德培育、精神塑造、专业培养、职业规划等方面融入劳动观教育过程中。一方面要利用好教师的教育示范作用，另一方面要引导大学生自我服务、自我约束、自我监督，通过创造性地参与志愿活动、公益活动、勤工俭学活动等，不断提升自身劳动素养、劳动精神和劳动情怀。

学生不仅是劳动观教育的受众群体，在一定程度上也是实施主体。当前学校教育环境发生深刻变化，学生受教需求也受到很多因素制约。鲜活的心理特征和鲜明的人格特质，使学生价值观念和思想行为有着深深的时代烙印。传统的思想政治教育容易使学生产生一定的距离感，从而不能充分发挥教育实效性。《荀子·劝学》中的"蓬生麻中，不扶自直"所强调的润物无声、潜移默化的效果，正是朋辈教育的优势所在。朋辈教育作为一种朋辈之间互动的、主动的自我教育方式，可以最大化匹配学生的内在需求，发挥辐射、示范、凝聚等作用。在教育过程中，学生可能对劳动认知呈现出碎片化状态，朋辈教育具有一定的价值导向性，对学生的劳动观念塑造和培养发挥着"价值标杆"和"思想灯塔"的功能。比如，一些学生公益劳动组织、社会实践团队等，都是通过集体的、身体力行的劳动创造一定的社会价值、团队价值和自我价值。"朋辈+实践主题"的教育形式，能够通过学生影响学生、学生感染学生、学生教育学生，彰显和聚合着朋辈的主体性和感染力，最终将劳动变成一种自觉意识、自觉追求和自觉行为。朋辈教育之所以契合劳动观教育的需要，正是在于这种互帮互助、互学互教的氛围。

学校工会是教育领域内的重要群众组织，应该助力劳动观教育。学校工会是党领导下的学校教职工自愿结合的工人阶级群众性组织，是党联系教职工的桥梁和纽带，是中国工会的重要组成部分，也是教育界最重要的群众组织。工会承担着新时代人才队伍建设和培养后备军的历史使命，需要不断提出更好的劳动教育理论和实践成果，推动工会和高校、研究机构协同合作，发挥各自优势，形成整体效应，共同推动劳动教育走向深入。学校工会要加强劳动观教育的理论研究和实践创新，通过学习习近平关于劳动价值观教育的精神指示，适当适时地展开教师说课比赛、教学研讨、教育论坛等，把德智体美劳全面培养教育融入教育过程中。与此同时，坚持开门办学校的思路，加强工会之间以及工会与其他机构、组织、团体之间的协同育人和优势整合，推动教师将课堂教育和第二课堂的日常劳动、公益劳动、志愿劳动等实践教育结合起来，有效整合各类校内外实践资源。

家庭和社会也承担着教育的责任与义务，对学校实施劳动观教育的目标起着一定的辅助、配合、补充作用。劳动观教育在家庭中被窄化、在社会中被淡化的现象日益凸显，在加强学校劳动观教育的同时，更不能忽视劳动观教育在家庭、社会的重视和关注度。第一，家庭教育的优势在于依靠血缘、情感的力量进行维系和感染。关于如何看待家庭、家教和家风，习近平认为家庭是人生的第一个课堂，家教是一个家庭的精神内核，家风是社会风气的重要组成部分。劳动是幸福的重要源泉，劳动家风更是家庭幸福的重要根源，每个家庭都应该崇尚劳动、热爱劳动、勤奋劳动，而不是投机取巧、贪图享乐、不劳而获。第二，社会教育的优势在于依靠社会部门、社会组织等多方资源进行配置和整合。社会部门要牵头起草系列文件和指导意见，切实维护劳动者的合法权益，积极构建和谐有序的劳动关系。社会组织面大量广，资源众多，易于展开学工学农、社会实践、志愿服务等多种方式的劳动观教育，便于动员社会一切力量参与到劳动观教育的实践中来，一些实践基地、实验社区等平台和渠道，成为大众参与劳动实践、体会劳动理念的相对固定形式和重要实践场所。

（三）完善劳动观的教育课程设置

教育作为一项系统工程，课程始终是教育的主渠道，是按照教育目标和教学规划而开设的，包含着理论和实践双重体现方式的教育内容。这就要求完善劳动观教育的课程设置，使劳动观教育真正实现课程化融入。思想政治教育课程是推动党的理论创新成果进教材、进课堂、进大脑的关键，专业课程是专业基本理论、专业知识和专业技能得以掌握的重要基础。完善劳动观教育的课程设置，一方面要在思想政治教育课程中强化劳动观教育，将劳动观教育纳入思想教育、政治教育以及道德教育的各方面，以及人生观教育、世界观教育、价值观教育的各环节中。另一方面要在专业课程中渗透劳动观教育，使劳动观教育能够结合专业特色，凸出专业特色，进而发展专业优势，使专业课程学习与职业岗位规划有效衔接。因此，完善课程设置是实现劳动观教育的重要路径，使劳动观教育成为课程设置的重要"基因"。思想政治教育课程和专业课程中的劳动观教育虽然各有侧重，但是旨归同一。要尊重思想政治教育课程和专业课程的建设规律，尊重学生的成长成才规律，提升思想政治教育亲和力和针对性，使各类课程与思想政治理论课同向而行，形成协同效应。

在思想政治教育课程视域下，如前所述，思想政治教育与劳动观教育具有密切相关性，因此，在思想政治教育课程中强化劳动观教育是一种逻辑必然。在思想政治教育课程中，劳动观教育不应该只是思想政治教育的一种辅助手段，相反的，而应该是贯穿整个思想政治教育，成为思想政治教育课程的重要组成部分。当前学校、特别是高校的思想政治教育课程，要针对劳动观的课程目标、课程内容进行规划和设计，按照一定的课程结构、教学大纲实施和评价。劳动观教育要体现出一定的思想教育、道德教育和政治教育的内涵式发展，要将马克思主义劳动观纳入思想教育、道德教育和政治教育的各个环节，把劳动观教育成效作为评价学生思想教育、道德教育和政治教育的重要依据。要根据不同情况调整劳动理论教育和劳动实践教学的课时比例，调整劳动认识水平和劳动实践能力在课程总成绩的比重。如果只重视劳动观念而忽视劳动实践，就会导致思想政治教育课程效果不理想，虽然劳动观教育重点在于强调劳动观念，但要通过劳动实践得以检验。如果只重视劳动观念和劳动实践而缺乏针对性的考评标准，就会导致思想政治教育课程效果不明朗，要提高劳动观教育的实效性，就必须制定一套科学的评价体系，将劳动态度、劳动表现、劳动结果等评价指标按照不同权重进行量化和考评。

还有一些课程与劳动观教育具有密切相关性，如创新创业教育课程。新时代需要创新劳动和创新人才，当前我国创新创业教育正处于起步阶段，创新创业教育课程也有待完善。以国内两所大学为例，清华大学通过课程设计，为创新创业学生制定新的课程培养方案和课程选择机制，面向创意、创新、创业三个领域，推进"三位一体、三创融合"的创新创业教育课程建设。北京大学实行分层次的创业教育课程，其中"普及教育"是面向全体学生的，"系统教育"是面向有创业意向学生的。因此，创新创业教育课程作为劳动观教育的辅助课程能够发挥一定优势，通过培养学生的创意思维、创新精神、创业意识、创新创业能力，重塑劳动观教育的时代价值。这一系列的劳动观教育课程，在于打通学校劳动观教育的"最后一公里"，不仅能够使学生培养和塑造符合主流的、迎合时代的劳动价值观，还能够使学生快速地适应和融入工作岗位，真正地立足工作岗位成长成才，在劳动中体现价值。

劳动观教育依托课程建设，不仅要在思想政治教育课程中强化，还要在专业课程中渗透。这是因为，专业课程蕴含着丰富的劳动观教育资源，要充分挖掘与利用这些有效资源，使劳动观教育真正融入专业课程。比如在人文课程中，大量的文学作品都有关于劳动的描述，教师在分析、解读和讲授中要渗透劳动观教育，既可以拓宽学生的鉴赏视域，在劳动视域下对文学作品进行鉴赏研究，又可以提升学生的审美能力，在文学作品中品鉴和感受劳动的魅力。在哲学课程中，西方哲学、中国哲学，特别是马克思主义哲学对劳动有着丰富的理论论述。从哲学的高度解释何为劳动、为何劳动、如何劳动等一系列问题，解密劳动背后蕴含的人的生存和发展的哲学空间，能够使学生的劳动认识和劳动境界提升到一个新的高度。在一些工科专业课程中，一直注重培养学生的实验能力和动手能力，但也不能忽视对学生劳动理想和劳动情怀的培养和塑造，要通过一定的劳动观教育促进工具理性和价值理性的整合。专业课教师需要结合专业内容，使劳动价值观以一种润物细无声的方式浸润学生的心田，转化为劳动实践。与思想政治教育课程不同，专业课程是学生掌握一定的专业理论、知识和技能的重要基础。劳动观教育的有效渗透，能够提升学生在专业领域的价值取向和理想情怀，在立足工作岗位后真正做到干一行、爱一行、钻一行。

劳动教育作为一门必修课，会极大地提升学生对劳动观念的认知、认同和实践程度，我国已有一些大学将劳动教育作为一门必修课程开设。早在 1993 年，中国人民大学将劳动教育纳入学校的教育方案，要求每个本科生必须完成两周劳动课程。并对劳动成果的考评做出明确规定，考核成绩合格者方可获得 2 学分，考核成绩不合格者需要补修或者重修。2011 年，安徽师范大学将新生劳动实践课程纳入教学计划，还专门印发《安徽师范大学本科生劳动实践教学实施暂行办法》，规定各专业新生必须进行为期一周的劳动实践教学。在对劳动成果考评上，考核成绩合格及以上者获得 1 学分，凡是劳动课程不及格或因故不能参加劳动课的，学期末由公共劳动教研室统一安排重修。早在新中国成立初期，几乎所有大中小学校都开设有劳动课程，随着劳动形态的新变化，劳动已经向其他领域延伸，已经不仅仅局限于体力劳动。如果将教育重心放在工具理性教育上，而忽视脑力劳动、幸福劳动、创新劳动等蕴含的价值理性教育，就会导致教育效果不符合时代发展要求和劳动发展趋势。劳动价值观的培养和塑造仅仅在劳动教育课程中受到重视是不够的，还应该融入思想政治教育课程、专业课程。

（四）拓展劳动观的实践教育基地

实践教育基地是理论联系实际的具体化和切入点，充分体现利用社会公共资源展开社会实践的要求。实践教育基地作为一个重要载体，具有专门的社会实践内容，有明确的社会实践计划和相对稳定的社会实践平台。学校建设有不同类别、不同层次的实践教育基地，但更多要依靠和调动政府和企事业单位的力量共同建设。一是实践教育基地要按照教育培养目标的要求或者某一具体要求进行建设，实践教育基地作为学校教育的协作者，同样致力于培养新时代社会主义建设者和接班人。二是实践教育基地的教育要具备相对稳定性，作为教育系统不可缺少的实体存在，实践教育基地要营造相对稳定的教育环境和场所。三是实践教育基地要与学校教育紧密联系，匹配学校的教学目标、培养目的、学科建设，满足学校相关专业和特色的人才培养。对于劳动观教育而言，时代的新变化新要求要求拓展实践教育基地的建设，充分利用社会资源展开社会实践活动，提升社会大众，特别是学生群体的劳动精神、劳动品格和劳动情怀。

实践教育基地，既是当前教育发展趋势的必然选择，又是新时代劳动人才培养的客观要求，更是开展实践育人工作的重要载体。建设教学与科研紧密结合、学校与社会密切合作的实践教学基地，加强实验室、实习实训基地、实践教学共享平台建设，依托现有资源建设实验教学示范中心、学生校外实践教育基地和实训基地。基地建设可采取校所合作、校企联合、学校引进等方式，依托高新技术产业开发区、科技园，设立学生科技创业实习基地。协调爱国主义教育基地和国防教育基地、城市社区、农村乡镇、工矿企业、社会服务机构等，建立多种形式的社会实践活动基地。充分利用实践教育基地，组织开展研学相结合的实践教育，着力在坚定理想信念、厚植爱国主义情怀、加强品德修养、增长知识见识、培养奋斗精神、增强综合素质上下功夫，提高学生的社会责任感、创新精神和实践能力，促进学生德智体美劳全面发展。可以说，劳动实践教育基地建设是推进实践育人、劳动育人制度化、常态化、科学化的重要载体。

当前培育建设了一批主题式、目标式、专业型的劳动实践教育基地。针对创新创业的实践教育基地，旨在培养具有创新意识和创业本领的人才，加强创新型、复合型人才队伍建设。自2015年起，教育部会同人力资源社会保障部、国务院国资委、共青团中央等部门建立协作机制，大力推动高校实践育人共同体建设，培育建设了数百个全国高校实践育人创新创业基地，并按地方政府主导型、行业企业主导型、高校学校主导型、基层社区主导型加强分类指导，发挥良好的示范和引领作用。近些年来，我国对创新创业实践教育基地的重视程度越来越高，在资源整合、功能设置、布局规划等方面有着很大提升。还有针对志愿服务的实践教育基地，通过志愿劳动，使无私奉献、团结互助、服务人民、共同进步的志愿精神深入人心。中华志愿者协会将在全国养老、健康、医疗教育等行业设立志愿服务实训基地，集聚全国数亿注册志愿者成为志愿劳动事业的重要力量。中国宋庆龄基金会和中国志愿服务联合会联合建立中国志愿服务青少年实训基地，成为国内首个以青少年为主体，集志愿服务和实践为一体的综合志愿服务基地。中央文明办、中国志愿服务联合会和全国宣传干部学院共同主办、合作建立了中国志愿服务培训基地，是提升志愿劳动能力和志愿服务水平的重要平台。上述这些志愿服务的实践教育基地，充分结合志愿服务制度化的指导思想和总体目标，体现了新时代志愿劳动、志愿服务的劳动育人、公益育人功能。还有针对社区的、针对实习的实践教育基地以及综合的实践教育基地等等，通过社区服务、工作实习和综合实践提升劳动思想觉悟。

还有一些社会公共资源，通过合作共建方式，辅助拓展劳动实践教育基地建设。比如博物馆、陈列馆、展览馆等社会公共资源，也是劳动观教育的重要载体和平台。通过灵活运用馆内资源，在公共资源配置上优先满足教育，结合劳动、劳动者相关主题弘扬劳动的主旋律。

比如，国家博物馆举办的"复兴之路""真理的力量——纪念马克思诞辰 200 周年""改革开放 40 周年"三个重大主题展览，累计接待党政军机关、企事业单位、高校院所等近千万人次，加之人民日报、新华社、中国广播电视台等主流媒体予以积极报道，营造了良好的学习、教育、舆论氛围。这三个重大主题都与劳动观密切相关，是劳动观教育的重要资源。其中"复兴之路"基本陈列展览，充分展现了劳动，各行各业人们的辛勤劳动，是实现中华民族伟大复兴中国梦的必由之路，广大劳动群众要敢想敢干敢追梦。"真理的力量——纪念马克思诞辰 200 周年"主题展览，无不体现了劳动是马克思思想体系的核心范畴和重要基础，只有理解劳动，才能真正地理解马克思。"改革开放 40 周年"大型展览，深刻体现了一切劳动、知识、技术等要素的活力迸发，改革开放的光辉历程、伟大成就和宝贵经验离不开劳动人民的艰苦奋斗和辛勤劳动。这一系列重大展览的主题设定，符合新形势下社会主流意识形态的教育方向，蕴涵着劳动光荣、劳动幸福、劳动崇高、劳动美丽、劳动伟大的劳动价值观。可以说，博物馆、陈列馆、展览馆等是教育的重要资源，发挥着一定的社会教育功能，通过展示劳动的内涵和价值，成为劳动观教育的重要平台和渠道。

（五）深化劳动观的教育活动方案

教育活动的实施方案是指在教育活动中，针对某一特定主题制定的具体行动实施办法、内容和重点等。教育活动的实施方案是一个系统工程，围绕某一特定主题展开一系列的思想政治教育活动。这就要求，教育活动的实施方案首先要明确某一特定主题，体现该教育活动所要表现的中心思想。主题教育作为党的思想政治工作的优秀传统，始终以主题鲜明、内容新颖、紧跟时代等特征推动着思想政治教育工作的有效展开。深化劳动观的教育活动方案，就是从多个劳动主题出发，开展有针对性的、创造性的、目的性的价值观教育。通过将劳动价值观涉及的点、线、面和学习教育结合起来，进一步提升劳动观教育的质量和效果。深化新时代劳动观教育活动方案，重点要把握好时代主题，也就是说，要与新时代党的思想政治教育工作重心和新时代中国特色社会主义时代背景紧密结合，进一步增强劳动观教育的针对性和实效性。因此，劳动观教育的主题设计与选择，要符合党的思想政治教育工作和新时代中国特色社会主义的方向性、时代性和现实意义性。"中国梦·劳动美""不忘初心""创新创业"等主题教育，通过劳动主题的具体化、明细化，对新时代劳动观教育提出新的标准和要求。

"中国梦·劳动美"主题教育方案，明确地体现了劳动观教育的重要价值和中华民族伟大复兴的历史使命。"中国梦·劳动美"的主题设计，具有新时代的丰富内涵和重要意义，一方面，"劳动美"的主题词体现了劳动的价值判断和审美取向，另一方面，"中国梦"的主题词体现了劳动的致思方向和使命担当。2015 年，习近平在庆祝"五一"国际劳动节大会上强调，要深化"中国梦·劳动美"教育实践活动，在实现"两个一百年"奋斗目标的伟大征程上再创新的业绩，以劳动托起中国梦。这是"中国梦·劳动美"主题教育的首次亮相，自此以后，各行各业掀起了学习贯彻"中国梦·劳动美"主题教育的热潮。首先，从"劳动美"这一主题词来看，"美是理念""美是真的"是黑格尔在客观唯心主义立场上对美的本质做出的界定，马克思在黑格尔客观唯心主义美学观的批判基础上，将这一观念实现了现实转向，将美置于人的劳动基础上，既根源于劳动的客观属性，又离不开劳动主体的主观感受。"劳动美"准确地把握了劳动美的规律，劳动的规律和美的规律是一致的，劳动与美相结合是必然的。这就是说，人在劳动中作用于客观对象，是遵循美的规律进行塑造的，人的主观感受通过劳动这一环节，在客观对象中被创造出来，成为现实的、真正的美。因此，"劳动美"深刻地体现出马克思唯物主义意蕴，揭示了马克思主义劳动理论和美学理论的内在逻辑。"劳动美"这一主题设计，是新时代劳动观教育的基本遵循和价值理念，蕴涵着劳动与美相结合的实践要求。再次，从"中国梦"这一主题词来看，更是突显了劳动观教育的历史使命和宏伟目标，蕴含着以劳动托起中华民族伟大复兴中国梦的实践要求。"中国梦"这一主题词设计，一方面，体现了中国梦是人们以主人翁姿态进行劳动创造的奋斗目标，国家富强、民族振兴、人民幸福正是中国梦的具体内涵。另一方面，表明了劳动是人们实现中华民族伟大复兴中国梦的重要基石，勤奋劳动、扎实工作，锐意进取、勇于创造正是劳动的具体展现。因此，劳动与中国梦是具有内在逻辑关系的。总的来说，"中国梦·劳动美"的主题选择体现着劳动的审美判断和使命担当，"中国梦·劳动美"主题教育是实现劳动观教育目标，达成劳动观教育实效的重要实践。

"不忘初心"主题教育方案，其蕴含的艰苦奋斗、善作善勇、扎实工作等体现了劳动观教育的鲜明旗帜。这一主题活动的设计，突出"不忘初心"主题与劳动观教育的契合点和关联度，使劳动观教育回归到中国共产党的初心使命上。2016 年，在庆祝中国共产党成立 95 周年大会上，习近平首次提出初心，并就"不忘初心、继续前进"提出八个方面的具体要求。自此，习近平在多个场合谈到初心，分别从党的宗旨、党的本色、党的建设等多个方面进行阐述，充分体现了劳动观教育的时代内涵和实践要求。近百年来历史实践证明，马克思主义信仰和共产主义伟大理想是共产党人的精神之钙，而劳动作为马克思主义信仰和共产主义伟大理想的实践之石，只有坚定劳动信念和奋斗精神才能使中国共产党人不忘初心、继续前行。从井冈山到古田，从瑞金到延安，从西柏坡到北京，正是马克思主义的伟大劳动思想和中国共产党的伟大劳动实践的紧密结合，充分体现了劳动这一概念的时代性、前进性的本质规律。不忘初心、是对劳动思想和劳动实践的高度凝练和集中概括，奋斗作为劳动的代名词，凝聚着中国共产党的政治灵魂和精神追求，指向了国家富强和人民幸福的宏伟愿景和美好梦想，只有保持建党时中国共产党人的奋斗精神和劳动信念，才能真正以劳动托起中华民族伟大复兴中国梦。可以说，初心与劳动这两个概念具有密切的逻辑关系，既源于马克思主义理论本质的内在要求，又扎根于马克思主义中国化的历史进程，在理论和实践上具有有机契合和良性互动的内在统一品质。

"创新创业"主题教育方案，迎合新时代"双创"的重要战略需求。这一主题活动的设计，直接体现了创新劳动、劳动就业、劳动分工等劳动观教育的时代内涵和实践要求。早在 2010 年，教育部发布了《关于大力推进高等学校创新创业教育和大学生自主创业工作的意见》，提出创新创业教育是适应经济社会和国家发展战略需要而产生的一种教学理念与模式。2015 年，国务院发布了《关于深化高等学校创新创业教育改革的实施意见》，提出创新创业教育要坚持以创新引领创业、创业带动就业，主动适应经济发展新常态和高等教育综合改革。创新创业教育，不仅是高等教育工作的关键环节，更是经济社会和国家发展大局的重要抓手。"创新创业"主题教育遵循了教育规律和劳动规律，使创新、创业与劳动深度融合，创新、创业教育与劳动观教育有机契合。以转变教育思想、更新教育观念为先导，突出劳动观教育对创新创业的重要作用，引导人们将劳动与智育、体育相结合，培养人们的创新精神、创业本领和实践能力。创新创业作为造就人的全面发展的重大举措和重要方法，符合劳动的根本旨归，体现劳动观教育的内在要求。劳动观教育与创新创业主题的结合，根源于马克思主义劳动视域下创造性劳动与创新创业的客观必然性。当前，高校已经成为劳动观教育和创新创业教育的主要阵地，大学生创新创业教育被提到了劳动观教育的重要议程，因而"创新创业"这一主题教育恰合时宜。特别是重视高校"创新创业"主题活动教育与大学生劳动就业、职业规划的有效结合，体现出劳动观教育的实用性、发展性、前瞻性，这是不同于其他主题教育的特色所在。通过这一主题教育形式，进行分阶段、分层次、分领域的创新思维和创业本领的培育和塑造，有效地促进劳动观教育的方法创新。

参考文献

1. 马克思恩格斯全集：第 2 卷 ［M］. 北京：人民出版社，1956.

2. 马克思恩格斯全集：第 3 卷 ［M］. 北京：人民出版社，1956.

3. 马克思恩格斯全集：第 18 卷 ［M］. 北京：人民出版社，1956.

4. 马克思恩格斯全集：第 19 卷 ［M］. 北京：人民出版社，1956.

5. 马克思恩格斯全集：第 20 卷 ［M］. 北京：人民出版社，1956.

6. 马克思恩格斯全集：第 23 卷 ［M］. 北京：人民出版社，1956.

7. 马克思恩格斯全集：第 30 卷 ［M］. 北京：人民出版社，1956.

8. 马克思恩格斯全集：第 42 卷 ［M］. 北京：人民出版社，1956.

9. 列宁全集：第 2 卷 ［M］. 北京：人民出版社，1990.

10. 列宁全集：第 29 卷 ［M］. 北京：人民出版社，1990.

11. 列宁全集：第 38 卷 ［M］. 北京：人民出版社，1990.

12. 列宁全集：第 40 卷 ［M］. 北京：人民出版社，1990.

13. 建国以来重要文献选编：第 11 册 ［M］. 北京：中央文献出版社，2011.

14. 建国以来毛泽东文稿：第 7 册 ［M］. 北京：中央文献出版社，1992.

15. 邓小平文选：第2卷 [M]. 北京：人民出版社，1994.

16. 王江松. 劳动哲学 [M]. 北京：人民出版社，2012.

17. 景天魁. 打开社会奥秘的钥匙：历史唯物主义逻辑结构初探 [M]. 陕西：陕西人民出版社，1981.

18. 阿伦特. 人的境况 [M]. 王寅丽，译. 上海：上海人民出版社，2017.

19. 刘世峰. 中国教劳结合研究 [M]. 北京：教育科学出版社，1996.

20. 邱伟光，张耀灿. 思想政治教育学原理 [M]. 北京：人民高等教育出版社，1999.

21. 项久雨. 思想政治教育价值论 [M]. 北京：中国社会科学出版社，2003.

后　记

　　《新时代劳动观教育研究》是对马克思主义劳动逻辑下人的价值观教育的一次探索性研究。本书坚持以习近平新时代中国特色社会主义思想为指导，全面贯彻习近平总书记关于劳动的重要论述，将新时代的劳动价值观和主流意识形态贯穿劳动观教育的始终，以马克思主义理论体系中的劳动逻辑为主线重塑人的价值观教育，通过劳动这一社会实践活动达成育人目的，从而激活劳动观教育的现实功用，融入劳动观教育的具体实践。

　　在本书撰写过程中，得到了各级领导和专家学者的关心、帮助和指导。上海理工大学马克思主义学院院长金瑶梅教授、同济大学王滨教授和纽卡斯尔大学 Roland Boer 教授对本书的研究框架和学术思路提供了许多宝贵建议。军事科学院军队政治工作研究院首长和机关领导对本书出版给予了指导关怀，并提供项目经费资助学术专著出版。光明日报出版社对书稿顺利出版提供了大力支持。在此，谨向此书研究、撰写和出版提供指导和帮助的所有领导、专家、同事致以最衷心的感谢和诚挚的敬意。写作过程中，本书参考和借鉴了大量研究资料，在这里一并向原作者表示感谢。

由于本人才疏学浅，本书不足之处在所难免，恳请专家、同行和广大读者批评指正。

胡杨

2023 年 4 月